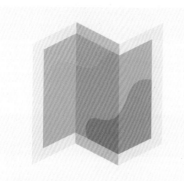

▷▷▷ 实战：使用矩形工具绘制移动地图图标 /055页

实例位置　实例文件>CH03>使用矩形工具绘制移动地图图标.psd
素材位置　无

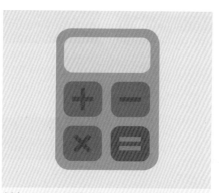

▷▷▷ 实战：使用圆角矩形工具绘制计算器图标 /057页

实例位置　实例文件>CH03>使用圆角矩形工具绘制计算器图标.psd
素材位置　无

▷▷▷ 实战：使用椭圆工具绘制音乐图标 /058页

实例位置　实例文件>CH03>使用椭圆工具绘制音乐图标.psd
素材位置　无

▷▷▷ 实战：使用钢笔工具绘制天气图标 /060页

实例位置　实例文件>CH03>使用钢笔工具绘制天气图标.psd
素材位置　无

▷▷▷ 实战：使用多种工具绘制移动UI图标 /059页

实例位置　实例文件>CH03>使用多种工具绘制移动UI图标.psd
素材位置　无

▷▷▷ 实战：制作翻页日历图标 /068页

实例位置　实例文件>CH03>制作翻页日历图标.psd
素材位置　无

▷▷▷ 实战：制作图标 /079页

实例位置　实例文件>CH04>制作图标.psd
素材位置　无

▷▷▷ **实战：制作状态栏** /080页
实例位置　实例文件>CH04>制作状态栏.psd
素材位置　无

▷▷▷ **实战：制作导航栏** /083页
实例位置　实例文件>CH04>制作导航栏.psd
素材位置　无

▷▷▷ **实战：制作工具栏** /084页
实例位置　实例文件>CH04>制作工具栏.psd
素材位置　无

▷▷▷ **实战：制作标签栏** /086页
实例位置　实例文件>CH04>制作标签栏.psd
素材位置　无

▷▷▷ **实战：制作搜索栏** /087页
实例位置　实例文件>CH04>制作搜索栏.psd
素材位置　无

▷▷▷ **实战：制作选择栏** /088页
实例位置　实例文件>CH04>制作选择栏.psd
素材位置　无

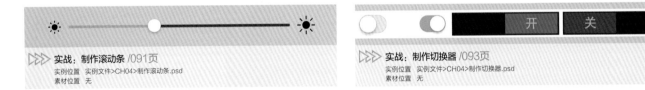

▷▷▷ **实战：制作滚动条** /091页
实例位置　实例文件>CH04>制作滚动条.psd
素材位置　无

▷▷▷ **实战：制作切换器** /093页
实例位置　实例文件>CH04>制作切换器.psd
素材位置　无

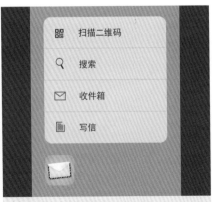

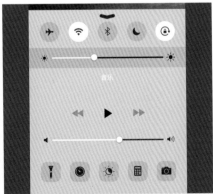

▷▷▷ **实战：制作Assistive touch按钮** /096页
实例位置　无
素材位置　素材文件>CH04>制作Assistive touch按钮.jpg

▷▷▷ **实战：制作3D Touch** /099页
实例位置　实例文件>CH04>制作3D Touch.psd
素材位置　素材文件>CH04>制作3D Touch.png

▷▷▷ **实战：制作iOS 9上拉菜单** /101页
实例位置　实例文件>CH04>制作iOS 9上拉菜单.psd
素材位置　无

▷▷▷ 实战：制作通知界面 /110页
实例位置　实例文件>CH05>制作通知界面.psd
素材位置　素材文件>CH05>制作通知界面

▷▷▷ 实战：制作iOS 10上拉界面 /114页
实例位置　实例文件>CH05>制作iOS 10上拉界面.psd
素材位置　素材文件>CH05>制作iOS 10上拉界面.jpg

▷▷▷ 实战：制作设置界面 /134页
实例位置　实例文件>CH05>制作设置界面.psd
素材位置　素材文件>CH05>制作设置界面.jpg

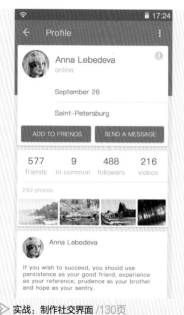

▷▷▷ 实战：制作社交界面 /130页
实例位置　实例文件>CH05>制作社交界面.psd
素材位置　素材文件>CH05>制作社交界面

▷▷▷ 综合实战：小清新风格手机界面 /142页
实例位置　实例文件>CH06>小清新风格手机界面.psd
素材位置　素材文件>CH06>小清新风格手机界面

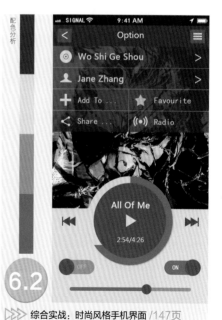

▷▷▷ 综合实战：时尚风格手机界面 /147页
实例位置　实例文件>CH06>时尚风格手机界面.psd
素材位置　素材文件>CH06>时尚风格手机界面.jpg

SIGNAL   10:11 AM

SUN MON TUE WED THU FRI SAT

			1	2	3	4
5	6	7	8	9	10	11
12	13	14	15	16	17	18
19	20	21	22	23	(24)	25
26	27	28	29	30		

6.3 ▷▷▷ 综合实战：可爱风格手机界面 /154页

实例位置　实例文件>CH06>可爱风格手机界面.psd
素材位置　素材文件>CH06>可爱风格手机界面.jpg

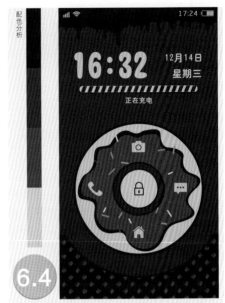

6.4 ▷▷▷ 综合实战：手绘风格手机界面 /156页

实例位置　实例文件>CH06>手绘风格手机界面.psd
素材位置　无

6.5 ▷▷▷ 综合实战：卡通风格手机界面 /162页

实例位置　实例文件>CH06>卡通风格手机界面.psd
素材位置　素材文件>CH06>卡通风格手机界面

配色分析

配色分析

6.6

▷▷▷ 综合实战：方格风格手机界面 /167页
实例位置　实例文件>CH06>方格风格手机界面.pad
素材位置　素材文件>CH06>方格风格手机界面.jpg

6.7

▷▷▷ 综合实战：扁平化风格手机界面 /171页
实例位置　实例文件>CH06>扁平化风格手机界面.pad
素材位置　素材文件>CH06>扁平化风格手机界面

配色分析

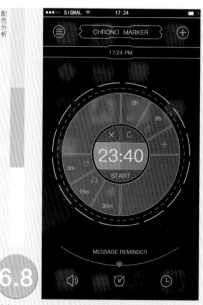

6.8

▷▷▷ 综合实战：线性风格手机界面 /181页
实例位置　实例文件>CH06>线性风格手机界面.psd
素材位置　素材文件>CH06>线性风格手机界面.jpg

精彩案例展示

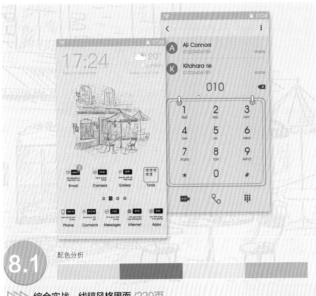

8.1 配色分析

▷▷▷ 综合实战：线稿风格界面 /220页
实例位置　实例文件>CH08> 线稿风格界面
素材位置　素材文件>CH08> 线稿风格界面

7.2 配色分析

▷▷▷ 综合实战：冷色系风格界面 /206页
实例位置　实例文件>CH07> 冷色系风格界面
素材位置　素材文件>CH07> 冷色系风格界面

7.1 配色分析

▷▷▷ 综合实战：扁平化风格界面 /198页
实例位置　实例文件>CH07> 扁平化风格界面
素材位置　素材文件>CH07> 扁平化风格界面

8.2 配色分析

▷▷▷ 综合实战：创意风格界面 /228页
实例位置　实例文件>CH08> 创意风格界面
素材位置　素材文件>CH08> 创意风格界面

前言 〉

随着互联网时代的到来，人们接触到的电子软件越来越多，而支撑这些软件展示的正是UI。读者可通过本书由浅入深地学习UI设计的各类知识，制作出美观且易于操作的UI。

本书主要通过理论知识和案例的操作方法，向读者介绍用Photoshop绘制iOS与Android两大系统中各种构成元素的方法和技巧。

◎ 版面结构

为了达到让读者轻松自学的目的，本书专门设计了"提示""实战""实例分析""配色分析""综合实战"等项目，简要介绍如下。

提示：针对一些难点和技巧点，采用提示的方式帮助读者学习。

实战：安排合适的实例，学习软件的各种工具、各种效果的实现方法。

实例分析：对真实项目实例的整体进行分析，帮助读者理解设计的目的和意义，弄清为什么要这样设计。

配色分析：对真实项目实例的整体配色方式进行分析，帮助读者理解用色的目的和意义。

综合实战：用真实的项目实例使读者加深对软件技术的掌握。

◎ 本书结构

本书共8章，采用基础知识与大量案例相结合的方法，循序渐进地向读者介绍iOS与Android系统界面的绘制方法，下面分别对各章的主要内容进行介绍。

第1、2章 UI的基础知识：主要介绍什么是UI、UI设计涉及的平台以及设计UI的要求，讲解UI的色彩搭配、图标元素的格式和大小。

第3章 Photoshop在UI设计中的应用：主要介绍Photoshop与UI设计之间的关系。在软件中使用不同的工具可以制作出不同的图形及元素，而通过添加样式可以为界面的元素增加不同的效果，并讲解如何使用软件绘制图标。

第4、5章 UI的控件构成：主要介绍系统中不同界面元素的设计规范和制作方法，以及UI设计原则、界面的设计风格和APP的常用结构，使读者通过对基础知识的掌握，制作出基本控件和完整的控件界面，包括导航栏、操作栏、天气界面等。

第6章 不同风格的UI：主要以案例的方式讲解UI的各种风格样式，增加了对界面的分析、排版和配色内容。

第7、8章 iOS与Android系统的整体界面：绘制iOS和Android系统的案例，详细演示了综合案例的制作方法。

◎ 本书特色

本书采用理论知识与操作案例相结合的教学方式，全面地向读者介绍设计不同系统界面的相关知识和所需的操作技巧。

通俗易懂的内容讲解：本书用通俗易懂的语言向读者介绍iOS与Android系统界面设计所需的基础知识和操作技巧，使读者更容易理解并掌握相应的功能和操作。

基础知识与操作案例结合：本书在基础知识讲解的过程中会进行案例制作，既对绘制软件进行了操作练习，又对UI的知识进行了巩固。

技巧和知识点的归纳总结：在讲解基础知识和操作案例的过程中穿插技巧提示的内容和知识点的归纳，在案例中对界面风格和配色也进行了分析，使读者在学习过程中可以拓展思维并将其应用于实际工作中。

由于作者水平有限，书中难免出现错误和疏漏之处，望广大读者朋友包涵并指正。

本书所有的学习资源文件均可在线下载（或在线观看视频教程），扫描"资源下载"二维码，关注我们的微信公众号即可获得资源文件的下载方式。在资源下载过程中如有疑问，可通过在线客服或客服电话与我们联系。在学习的过程中，如果遇到问题，也欢迎您与我们交流，我们将竭诚为您服务。

资源下载

您可以通过以下方式来联系我们。

客服邮箱：press@iread360.com

客服电话：028-69182687、028-69182657

作者

2017年8月

目录

目录

目录

目录

第1章

初入移动UI设计的世界

随着智能设备的发展，UI设计已成为设计领域的主要发展方向。在学习制作移动UI前，需要掌握移动设备和移动界面的相关知识、把握界面中各种控件的尺寸，并对移动UI设计的基础知识有一个简单且清晰的了解，为绘制移动UI打下良好的基础。

* 认识移动UI设计
* 移动设备的主流平台
* 移动UI设计的原则

1.1 认识移动UI设计

移动UI设计就是将移动通信和UI设计合二为一，结为一体。一个好的移动UI设计不仅能让软件变得有个性、有品位，还能让软件的操作变得舒适、简单、自由，并能充分体现出软件的定位和特点。

1.1.1 什么是移动UI设计

UI（User Interface）是用户界面的简称。UI设计是指对软件的人机交互、操作逻辑、界面外观的整体设计。主要分类有平面设计、Web前端设计、移动端设计、交互设计等。而移动UI设计以手机移动端为例，手机上的界面都属于用户界面。用户日常通过这个界面向手机发出指令，手机会根据指令产生相应的反馈。用户界面设计不仅要考虑如何让界面美观，还要考虑如何摆放按钮、控件、菜单等，将小部件结合成整个界面。

常用的移动端用户界面

🔔 **提示**

要想真正进入UI的领域，就必须先弄清楚在智能手机上呈现的APP客户端的操作系统、UI的设计、UI的布局和分类等问题。那么接下来，我们将带着这些问题来学习本章的内容。

音乐播放界面

游戏界面

购物界面

天气界面

1.1.2 移动UI设计的目的和重要性

　　移动UI设计的目的是让用户理解程序的用途，并快速地操作程序。外观和视觉感不是界面设计的主要目的，界面的主要目的是沟通，通过沟通让用户理解界面程序。

　　移动UI设计包括美化和交互两个方面。为了让读者直观地了解UI设计的重要性，下面用UI设计前和UI设计后的界面图进行对比分析。

　　设计前的界面没有明显的特点。

　　（1）界面过于简单，界面颜色单调，没有美感。

　　（2）"登录"按钮没有立体感，像阅读文字。

　　设计后的界面有了明显的特点呈现。

　　（1）界面内容丰富，具有时尚感和立体感。

　　（2）"登录"按钮使用了渐变效果，并增加其他选项。

　　（3）增加头像展示，添加其他的登录方式，使操作更方便。

　　设计后的界面更加舒适和美观，因此对于智能设备来说，移动UI的设计是非常重要的。

UI设计前

UI设计后

1.1.3 平面设计和移动UI的不同

　　平面设计涉及的范围非常广，例如，报刊、展示架、包装、封面等，而移动UI的范围基本被限定在移动终端设备APP上。移动UI特殊的尺寸要求、布局排版、组件类型等使很多平面设计者不能直接进行移动UI设计。

　　同一款UI设计在不同的设备上所呈现的效果不同。下面是同一款软件的UI设计在计算机和移动设备上分别所呈现的效果，可以直观地看到，即使是同一个功能页面，其所呈现的内容差距也是非常大的。

PC端主界面和登录界面

客户端主界面、登录界面和搜索界面

1.1.4 移动UI设计的重要元素

移动UI设计中有以下5个重要的设计元素。

布局和定位

布局和定位指的是界面的版面结构。

形状和尺寸

通过形状，让人迅速地对界面内容进行辨识。

颜色

界面内不同的颜色，代表的含义不同。界面中红色的按钮或控件表示危险、停止、警告等，而绿色的按钮则代表继续或成功，这两种是最常见和最明显的界面控件颜色的表达，当然，如果不是提醒式按钮的话，一般会根据界面颜色来设定按钮颜色。

比较常见的按钮颜色体现

对比

界面内设计的内容可以通过加强对比来提高辨识度，如黑白；而降低对比可以融合界面效果，界面中通过加强和降低颜色之间的对比，可以让用户分清界面内容的主次。

材质

界面内设计的不同材质的图标，会展示出不同的效果。

拟物化图标

1.2 移动UI设计的原则

下面从设计原则的重要性谈起，总结出5个移动UI的基本设计原则，让设计师在设计界面中的每一个元素时都有理有据。

1.2.1 功能决定界面设计风格

无论设计师以何种方式、何种风格对界面进行设计，都必须满足其功能需求。因此，在设计同一个类别的界面时，不管设计师如何设计，其功能需求都是相同的，而这些功能直接决定了设计风格的可行性，这也是同类APP界面都大同小异的原因。

旅行类界面的设计风格

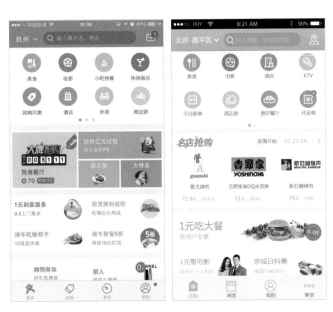

团购类界面的设计风格

1.2.2 界面设计要统一

为了保持不同模块界面的统一性，需要把相同的功能放在相同的位置。因为页面是由这些基本模块组合而成的，在对每一个基本模块进行UI设计的时候，应该保证应用的字型、字号、颜色、按钮、功能键、提示文字等元素的一致性。

风格保持一致的音乐启动界面

1.2.3 界面设计要清晰

在界面设计中，清晰度是首要原则。如果想让用户喜欢并认可你设计出来的界面，就必须要让用户清楚地识别出你所设计的界面和界面内元素的功能。让用户在任何风格的界面中进行操作，都能够预料到发生的状况，并继续和界面进行交互。只有清晰简洁的界面，才能够吸引用户长时间地重复使用。

购物界面清晰的产品图片和文字　　　游戏界面清晰的产品图片和文字　　　下载界面清晰的产品图片和文字

1.2.4 界面设计内容要实用

在设计中，衡量一个界面设计成功与否，要看设计内容有没有被用户使用。界面设计如果追求的只是美观的话，那它就是一个失败的设计。移动UI的尺寸大小有限，所以在有限的空间里，合理地设计按钮、控件并排版内容，才是设计的价值所在。

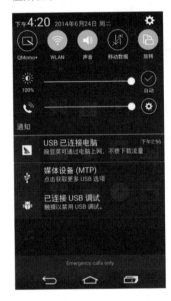  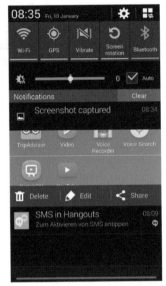 

界面和按钮都是必须存在的

1.2.5 界面设计要有层次感

要想让屏幕中的视觉元素具有清晰的浏览次序，需要通过强烈的视觉层次感来实现。换句话来说，如果视觉层次感不明显的话，用户每次都将按照相同的顺序浏览界面。这样的后果是用户不知道将目光停留在界面内的什么位置，找不到界面内容的重点，而在界面不停更新的情况下，就更难理清层次关系了。所以，设计师在设计的时候需要添加特别突出的元素内容，来再次明确视觉的层次感。

 提示

有时候为了达到强烈的视觉层次感，会采用动态图的方式进行展示。

视觉效果的启动界面设计

1.3 移动设备的主流平台

在认识了移动UI设计的基础内容之后，下面让我们大致了解一下iOS、Android和其他主流移动设备的系统平台。

1.3.1 iOS系统平台

iOS系统是由苹果公司开发的移动操作系统。最初是为iPhone手机设计的，后来陆续套用到iPod touch、iPad以及苹果等其他产品上。iOS系统的界面精致、美观，功能完善、流畅、运行快，深受广大用户的喜爱。

■ iOS的发展历史

苹果公司创立之初，主要开发和销售个人计算机，截至2016年致力于设计、开发和销售消费电子、计算机软件、在线服务和个人计算机。该公司的硬件产品主要是Mac计算机系列、iPod媒体播放器、iPhone智能手机和iPad平板电脑；在线服务包括iCloud、iTunes Store和App Store；消费软件包括OS X和iOS操作系统、iTunes多媒体浏览器、Safari网络浏览器，还有iLife和iWork创意和生产力套件。苹果公司在高科技企业中以创新而闻名世界。

◎ iMac系列

1998年，苹果公司推出了iMac计算机。iMac的外壳由半透明的蓝色塑料制成，呈现出蛋形的结构，与当时的其他计算机有着显著的区别。iMac设计上的独特之处和出众的易用性，使其几乎连年获奖。

时至今日，iMac背后的设计理念都未曾动摇，那就是打造超凡的台式计算机体验，为出众的显示屏搭配高性能处理器、图形处理器以及存储方案，并将它们融于浑然一体的纤薄机身之中。全新 21.5 英寸配备 Retina 4K 显示屏的 iMac，延续了苹果公司对于精益求精的不懈追求。

1988年推出的iMac计算机

2016年的iMac计算机

◎ iPod系列

    iPod是苹果公司设计和销售的系列便携式多功能数字多媒体播放器。iPod系列中的产品都具有简单易用的用户界面，不仅外观时尚、美观，而且拥有人性化的操作方式，为MP3播放器带来了全新的思路。

    iPod推出的播放器系列产品主要有iPod touch、iPod nano、iPod shuffle。

iPod touch

iPod nano

iPod shuffle

◎ MacBook系列

    MacBook于2006年被推出，是苹果公司推出的第一款使用镜面屏幕的笔记本电脑，也是苹果公司推出的第一款搭载Intel Core Duo处理的平价版笔记本电脑。

最新款的MacBook

◎ iPhone系列

    乔布斯于2007年推出了iPhone，该设备采用了自主的iOS操作系统，并开创了移动设备软件尖端功能的新纪元，重新定义了手机的功能。

    iPhone的不断创新，让iPhone的用户体验在许多重大方面产生了质的飞跃。它具有先进的新摄像头系统、更胜以往的性能和电池续航力、富有沉浸感的立体声扬声器、色彩更明亮丰富的iPhone显示屏以及防溅、抗水的特性。

iOS 10系统界面

iPhone 6

iPhone 7

◎ iPad系列

　　iPad是由苹果公司于2010年开始发布的平板电脑系列产品，定位介于苹果的智能手机iPhone和笔记本电脑产品之间，与iPhone布局一样，提供浏览网站、收发电子邮件、观看电子书、播放音频或视频、玩游戏等功能。

　　输入方式多样，移动性能好的iPad平板电脑由于不再局限于键盘和鼠标的固定输入方式，可以采用手写和触摸的方式进行操作，因此无论是站立还是移动都可以进行操作。

iPad和iPad mini

■ iOS系统十大基本原则

　　操控便捷： iOS应用的控件设计应该具有圆润的轮廓和程式化的梯度，操作便捷。

　　结构清晰、导航方便： 充分利用iOS系统的导航栏。尽量将所有的导航安排在一个分层格式中，以方便显示应用的当前位置。

　　微妙清晰的用户反馈： 用动画显示用户的操作结果。当用户长按进入"重新排列模式"时，应用会抖动。

应用抖动后可重新排列摆放

　　确保外观和功能协调： 如果是功能性的应用，可在背景中加入与之协调的装饰，注重最大限度地发挥功能效益；如果是游戏类的应用，则应充分利用全屏，创造身临其境的用户体验。

　　突出首要任务： 不要在屏幕上添加任何冗余的元素，尽量做到简洁，突出首要功能。如苹果的便签应用只允许输入新的便签内容，电子邮件应用只允许读写邮件等。

	文件夹	编辑
我的 IPHONE		
所有我的 iPhone	0	>
备忘录	0	>
我的记录	0	>

点击选项突出首要任务

提供一种逻辑路径：提供后退按钮和其他标记，方便用户了解应用的当前位置，清楚每一个界面的功能。最好能确保每个界面都只有一条特定路径，这样就能做到尽可能简洁，让用户产生熟悉的感觉。

解释功能的用法：功能下方贴心地为用户解释了该功能的用途，避免复杂生僻的术语，采用用户易于理解的交流方式。

考虑添加模拟现实元素：苹果的语音备忘录应用显示的是一张麦克风图片，地址簿应用看起来像一本真的地址簿。应用中添加的模拟现实元素越多，用户就能越快理解如何与应用进行交互。

考虑方向性：iOS用户使用设备时，有时喜欢横向屏幕模式，有时喜欢纵向屏幕模式，确保无论以哪种方式旋转，都不会影响用户观看。

iOS消息纵向屏幕模式　　　　　　　　　iOS消息横向屏幕模式

确保触摸点适合指尖大小：设计可触控的控件的时候，尺寸不得小于44px×44px，只有这样才能确保触摸的精度和命中率。

iOS系统键盘按钮

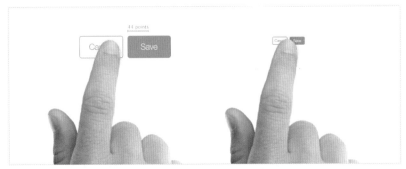

iOS的命中准确性

1.3.2 Android系统平台

Android是一种基于Linux的自由及开放源代码的操作系统，主要应用于移动设备，如智能手机和平板电脑，由Google公司和开放手机联盟领导及开发，国内称之为"安卓"。

■ Android的发展历史

从2009年5月开始，Android操作系统改用甜点来作为版本代号，这些版本按照从大写字母C开始的顺序来进行命名：纸杯蛋糕（Cupcake）、甜甜圈（Donut）、闪电泡芙（E clair）、冻酸奶（Froyo）、姜饼（Gingerbread）、蜂巢（Honeycomb）、冰淇淋三明治（Ice Cream Sandwich）、果冻豆（Jelly Bean）、奇巧（KitKat）、棒棒糖（Lollipop）、棉花糖（Marshmallow）、牛轧糖（Nougat）。

2016年8月22日，谷歌正式推出Android 7.0。

Android 7.0 Nougat（牛轧糖）

■ Android 7.0的主要变化

分屏多任务：进入后台多任务管理页面，按住其中一个卡片，然后向上拖动至顶部即可开启分屏多任务模式，支持上下分栏和左右分栏，允许拖动中间的分割线调整两个APP界面所占的比例。

Android系统分屏模式

Android下拉菜单

全新下拉快捷开关页：下拉打开顶部的通知栏即可显示5个用户常用的快捷开关，支持点击开关以及长按进入对应设置。

通知消息快捷回复与归拢：加入了全新的API，支持第三方应用通知的快捷操作和回复，例如，来电显示会以横幅方式在屏幕顶部出现，提供接听和挂断两个按钮；信息/社交类应用通知，还可以直接打开键盘，在输入栏里进行快捷回复。

夜间模式：重新加入了夜间深色主题模式。

菜单键快速应用切换：双击菜单键，就能自动切换到上一个应用。此外，如果不停地点击菜单键，就会在所有应用中不间断地切换，应用窗口会自动放大，顶部还会出现倒计时条，停止点击且倒计时结束后，当前应用会自动放大并返回到前台。

1.3.3 其他系统平台

除了以上两种常用设备的操作系统以外，还有一些其他系统，例如，Metro风格的Windows Phone和以安全性著称的黑莓。

Windows Phone系统

Windows Phone的用户界面被称为Metro，它源于包豪斯风格所提倡的"化繁为简"，其目的在于用最简单而直接的方式向用户呈现信息。在Windows Phone的Metro用户界面中，用户得到的是一种流畅、快速的操作体验。

动态磁贴是出现在Windows Phone中的一个新概念，是微软的Metro的风格。Metro是长方形的功能组合方块，用户可以轻轻滑动这些方块不断向下查看不同的功能，这是Windows Phone的招牌设计。

Windows Phone的Metro UI界面与iOS和Android界面最大的区别在于后两者以应用图标的方式呈现对象，而Metro则强调信息本身。

Windows Phone界面

Windows Phone的主屏幕效果

黑莓系统

黑莓系统是加拿大Research In Motion（RIM）公司推出的一款无线手持邮件解决终端设备的操作系统，由RIM自主开发。黑莓系统的界面非常朴素，不以花哨的图片和炫目的色彩夺人眼球。

黑莓系统一贯以来都具有很好的开放性，所有的功能和选项都有快捷按键，运行非常稳定、流畅。此外，黑莓系统的自由度相当高，很多功能都可以自定义，这对于手机达人和DIY爱好者来说着实不错。

黑莓系统手机

第2章

设计优秀移动UI的条件

了解了移动UI设计的基础知识后，本章将学习移动UI设计的思路和条件。学习在软件中制作界面常用和必备的一些工具，并掌握UI设计的要求和条件。

* 移动UI设计常用软件
* 移动设备的尺寸标准
* 移动UI的色彩搭配
* 移动UI设计的流程

* 移动UI设计常用图像格式
* 移动UI的设计布局和分类
* 如何制作出优秀的移动UI
* 如何提升自己的设计能力

2.1 移动UI设计常用软件

设计移动UI常用的软件有Photoshop、Illustrator、CorelDRAW和3ds Max等，这些软件各有各的优势，可以分别用于绘制UI中不同的图形和界面。

2.1.1 Photoshop

Photoshop是Adobe公司旗下一款优秀的图像处理软件，也是目前用户使用率较高的平面设计软件，其功能非常强大，适用于平面设计、图片处理、网页设计、文字设计和三维设计等，其应用领域相当广泛，用于移动UI设计再适合不过。

Photoshop的操作界面由菜单栏、工具箱、选项栏、文档窗口、状态栏以及各种面板组成。

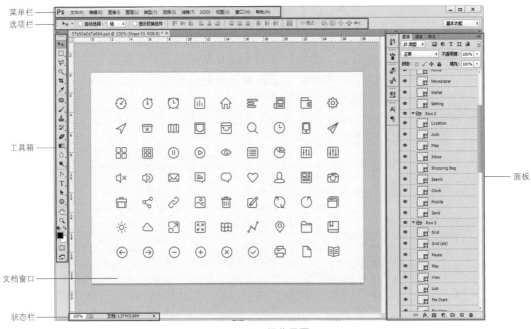

Photoshop操作界面

工具箱

菜单栏：菜单栏中包含"文件""编辑""图像""图层""类型""选择""滤镜""3D""视图""窗口"和"帮助"这11组选项，涵盖了Photoshop中的大部分功能，用户可以在菜单中找到相应内容。

工具箱：工具箱集合了Photoshop中的大部分工具，如"移动工具""绘画工具""矢量工具"和"文字工具"等。

选项栏：选项栏主要用来设置工具的参数选项，它会根据不同的工具呈现不同的参数选项内容。

"画笔工具"选项栏

"钢笔工具"选项栏

文档窗口：文档窗口是显示文档的区域，也是进行各种编辑和绘制操作的区域。

状态栏：状态栏显示当前图像文件的大小以及各种信息说明。

面板：面板主要用来配合图像的编辑，对操作进行控制以及设置参数等。

2.1.2 Illustrator

Illustrator是Adobe公司开发的一款矢量绘图软件，可以绘制出高精度的线条和图形，适合生成任何小尺寸的图像或复杂项目。与Photoshop的软件界面布局一样，Illustrator的界面中也有菜单栏、选项栏、工具箱、文档窗口、状态栏以及各种面板。

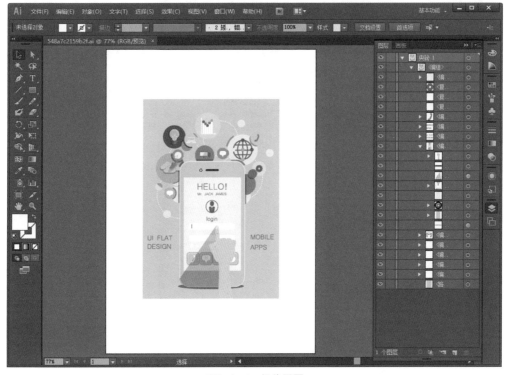

Illustrator操作界面

2.1.3 3ds Max

　　3ds Max是一款非常出色的三维制作软件，在模型塑造、场景渲染方面都能制作出高品质的对象，广泛应用于插画、广告、影视、动画、游戏和多媒体的制作中。

　　3ds Max的制作流程简单易学，只要掌握了操作思路，就能很容易建立一些简单的模型。不过，3ds Max主要用于后期建设以及完善。

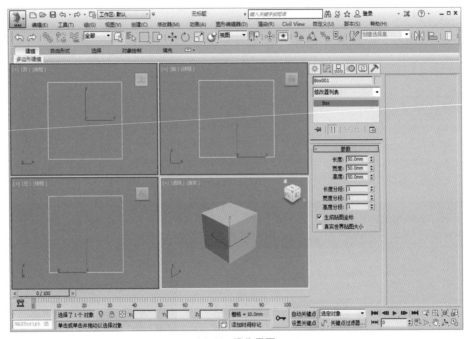

3ds Max操作界面

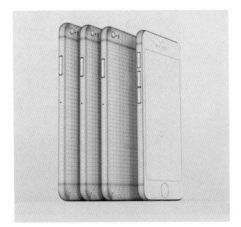

3ds Max制作的手机模型

2.2 移动UI设计常用图像格式

图像格式决定了图像数据的存储方式、压缩方式、支持何种软件以及文件能否与一些应用程序进行兼容。

图像文件的存储格式可以分为两类，即位图和矢量图。位图格式包括PSD、TIFF、JPEG、PNG、GIF等，矢量格式包括AI、EPS、CDR、DWG等。移动UI界面中的各种图像一般存储为JPEG、PNG或GIF格式。

2.2.1 JPEG格式

JPEG格式是最为常见的图片格式，但是它的存储方式是有损压缩。JPEG格式在处理图像时可以自动压缩类似颜色，保留明显的边缘线条，从而减少压缩的图像损失。

 提示

> JPEG格式的文件每经过一次重新编辑和保存，原始图像的数据量便会下降，并且这种数据量的下降是累积式的。

2.2.2 PNG格式

PNG格式是一种位图文件的存储格式，用于存储无损压缩图像以及在Web上显示的图像。这种格式最大的特征就是支持背景透明，失真小。

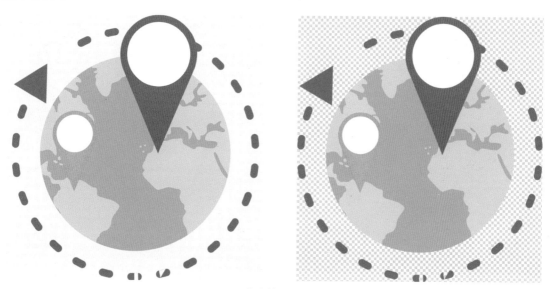

PNG格式的透明特征

2.2.3 GIF格式

GIF格式是基于在网络上传输图像而创建的文件格式，支持透明背景和动画，广泛应用于网页制作。它最大的特点是可以在一个文件中同时存储多张图像数据，做出一种简单的动画效果。

2.2.4 有损压缩与无损压缩

◎ **有损压缩**

有损压缩顾名思义就是在存储图像的时候，不完全真实地记录图像上每个像素点的数据信息。实验证明，人眼对光线的敏感度要比对颜色的敏感度高，当颜色缺失的时候，人脑就会以附近最接近的颜色来自动填补缺失的颜色。因此，有损压缩就根据人眼的这个特性对图像数据进行处理，去掉那些图像上会被人眼忽略的细节，再使用附近的颜色通过渐变以及其他形式进行填充。这样不仅降低了图像信息的数据量，还不会影响图像的还原效果。

最常见的对图像信息进行处理的有损压缩是JPEG格式，位图在进行存储的时候，首先把图像分解成8像素×8像素的栅格，再对每个栅格的数据进行压缩处理。所以，在放大一幅图像的时候，就会发现这些栅格中有很多细节信息被删除了，这就是用JPEG格式存储图像会产生块状模糊的原因。

◎ **无损压缩**

和有损压缩不一样，无损压缩会真实地记录图像中每个像素点的数据信息。最常见的一种采用无损压缩的图片格式是PNG格式，但有的时候，因为无损压缩只会尽可能真实地还原图像，所以PNG格式的图片还是会失真。

有损压缩

无损压缩

2.3 移动设备的尺寸标准

在移动设备中各个尺寸都有特定的标准。下面对各个基本尺寸的标准和基本分辨率进行讲解，为后面制作移动UI做准备。

2.3.1 英寸

屏幕的尺寸通常以对角线的长度来描述，且该长度是用英寸（1英寸=2.54厘米）来表示的。例如，14英寸笔记本电脑、55英寸平板电视、5英寸手机屏幕等就是沿用了这个概念。

55英寸平板电视

5英寸手机

2.3.2 分辨率

分辨率（显示分辨率）是屏幕图像的精密度，是指显示器所能显示的像素数量。由于屏幕上的点、线和面都是由像素组成的，显示器可显示的像素越多，画面就越精细，同样的屏幕区域内能显示的信息也越多，所以分辨率是个非常重要的性能指标之一。

如果一款手机屏幕的分辨率为320像素×480像素，那么它可以显示320×480=153600个像素点；一款分辨率为1334像素×750像素的屏幕则可显示1000500个像素点，分辨率是前一款的6倍多。

两种分辨率对比

2.3.3　屏幕密度

屏幕密度分为iDPI（低）、mDPI（中等）、hDPI（高）、xhDPI（超高）4种。

	低密度（120）iDPI	中等密度（160）mDPI	高等密度（240）hDPI	特高密度（320）xhDPI
小屏	240×320		480×640	
普屏	240×400 240×432	320×480	480×800 480×854 600×1024	640×960
大屏	480×800 400×854	480×800 400×854 600×1024		
超大屏	1024×600	1280×800 1024×768 1280×768	1536×1152 1920×1152 1920×1200	2048×1536 2560×1536 2560×1600

2.3.4　图标尺寸大小

图标是具有明确指代含义的图形，在移动UI中的作用非常重要。因为一枚精美绝伦的图标可以轻易地吸引用户进行点击，所以对于一款界面来说，设计一枚漂亮的图标是绝对有必要的，而图标的尺寸要根据界面的大小进行设定。

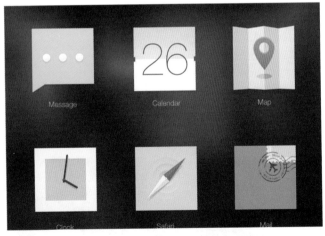

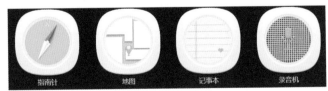

不同质感和形状的图标设计

以下为不同移动设备上的图标的具体尺寸，为创建移动UI提供标准和规范。

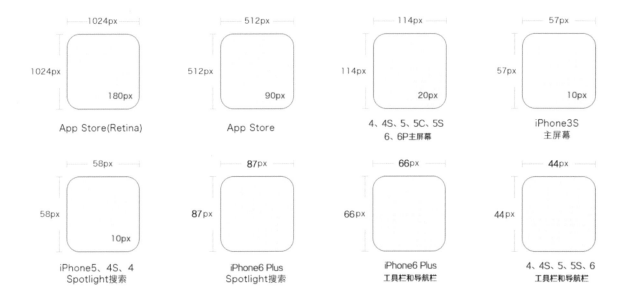

iOS系统的图标尺寸

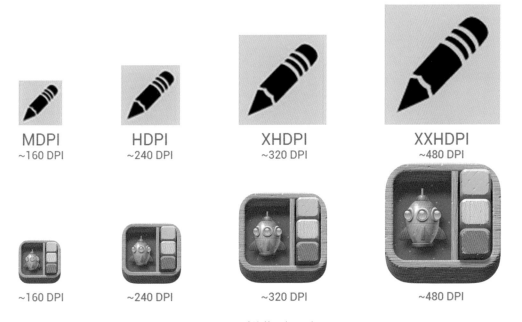

Android系统的图标尺寸

2.4 移动UI的设计布局和分类

下面对手机UI的布局和分类进行总结，不同的移动UI设计布局和分类会产生不同的界面效果。

2.4.1 界面设计的布局

对界面局部进行剖析。可以从不同的系统和APP中发现界面的异同，以下是4种常见的界面布局。

底部导航

顶部导航

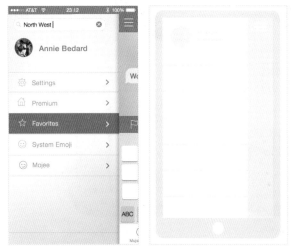

侧边导航

全屏导航

2.4.2 界面设计的分类

下面对移动界面的分类进行总结，一般可将其分为5种方式。

平铺条形：以长条的形式将页面元素横向平铺。

平铺条形

九宫格：以九宫格的方式将页面元素进行网格式横向和纵向排列。

九宫格

大图滑动： 以一张大图作为主画面，进行滑动操作。

大图滑动

图片平铺： 图片以不规则的排版方式平铺于界面中。

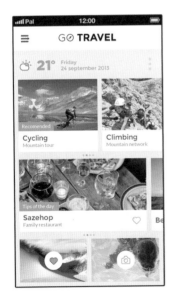
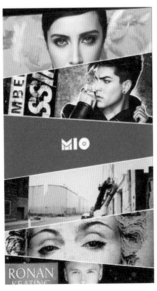

图片平铺

分类标签：以标签的形式进行分类，导航条的下方是水平铺开的，可以左右滚动。

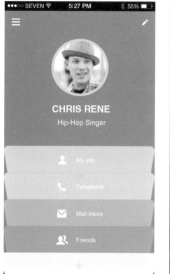

分类标签

2.5 移动UI的色彩搭配

色彩搭配在移动设备界面的设计中起到了画龙点睛的作用，下面就从色彩的心理效应和搭配原则这两方面来介绍色彩对于界面的重要性。

2.5.1 色彩的心理效应

我们对所看到的界面的印象会随着颜色的改变而改变，不同的颜色会给人不同的视觉感受，从而达到不同的视觉诉求。

色系	心理效应	移动UI界面应用
红色系	热情、活泼、吉祥、喜气、热烈、奔放、激情、斗志、危险	用于周年庆、促销类界面
橙色系	轻快、活泼、开朗、温暖、阳光	用于喜庆、购物类界面
黄色系	明朗、愉快、高贵、希望、注意	用于食品或儿童类界面
绿色系	新鲜、平静、安逸、和平、柔和、青春、安全、理想	用于天气预报、房屋相关等界面
蓝色系	美丽、文静、理智、安逸、洁净、忧郁	用于男士、海鲜类、通信科技类等界面
紫色系	优雅、高贵、魅力、自傲、神秘、权威、声望	用于温馨或节假日的界面
白色系	公正、纯洁、端庄、正直、神圣、朴素、纯真	用于图标或控件的图形
黑色系	冷酷、阴暗、黑暗、力量、神秘、恐怖、死亡	用于体现企业高端和商品质感的界面

2.5.2 色彩的搭配原则

配色需要具备一定的美术素养，可以通过系统的学习和大量的练习慢慢提升。总体来说，搭配原则应遵循以下4条配色原则，即色调搭配统一、色彩的平衡、有重点色、明度配色平衡。

■ 色调搭配统一

在着手设计界面之前，应该先确定主色调。主色将占据页面中很大的面积，其他的辅助配色应该以主色为基准进行搭配。这样能保证整体色调的协调统一，使界面更加美观。

统一色调配色

■ 色彩的平衡

　　色彩平衡主要是指颜色的强弱、明暗和浓淡的关系。一般，设计师采用同类色彩的搭配方案能够很好地实现色彩的平衡和协调。例如，浅色调和深色调配色，就会有深与浅的明暗对比；鲜艳色调和浑浊色调搭配，在纯度上就会存在差异。画面有强烈的视觉对比时，就会让用户产生"相拒"的感觉。

■ 有重点色

　　设计一款界面时，要先确定一种颜色作为整个界面的重点色，然后将这个重点色运用到焦点图、按钮、图标或其他相对重要的元素图形中，使其成为整个界面的焦点。

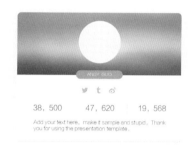

色彩的平衡　　　　　　　　　　　　　　　　　　　　　要有重点色

■ 明度配色平衡

　　明度的平衡关系也是配色的重要因素之一。明度的变化能表现出事物的远近感和立体感；高明度的颜色会显得更明亮，可以强化空间感和活跃感；低明度的颜色则会强化稳重、低调的感觉。

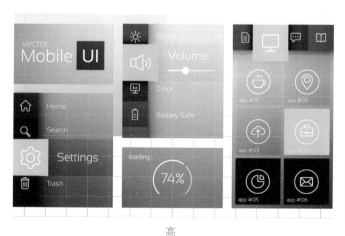

高　　　　　　　　　　　　　　　　　　　　　　　　　　低

2.6 如何制作出优秀的移动UI

优秀的移动UI设计应该时刻关注用户操作的实用性和有效性，下面简单归纳了5个要点。

2.6.1 设计的UI与常规思维保持一致

一般来说，受常规思维的限制，同类型软件界面会保持一致。这是因为当开启一个界面时，脑中会保持自己的思维习惯，所以为了避免把用户的思维方式打乱，界面会遵循一致性原则。例如，不同风格的音乐播放软件，其播放和切换按钮保持在界面的下方。

不同风格的播放软件布局保持一致

2.6.2 用户能自由操作界面

优秀的移动UI设计，应该能让用户自由操作，掌握界面，让用户在任何一个界面中，都能点击图标离开或者进行下一步选择。而这些在用户离开前弹出窗口的行为，正是用来判断UI易用性的标准。

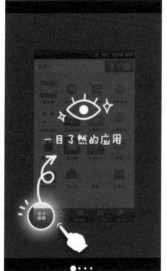

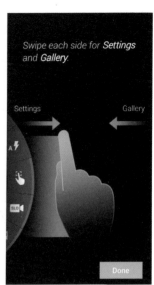

用户能自由操作

2.6.3 对用户群的了解

在设计移动UI前，首先要对UI所针对的用户群有所了解，设计与用户群相对应的元素。例如，针对18~25岁年龄段的人应该选用活泼圆滑的设计元素，而针对40~55岁年龄段的人选用的元素就应该稳重，设计师制作的UI设计必须要有针对性。

儿童类软件界面

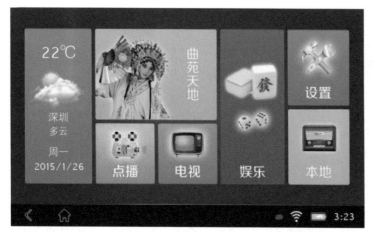

中老年类软件界面

2.6.4 设计要做到简约

移动UI的功能可以做到很强大，但是设计一定要简约。因为移动界面的面积有限，如果界面设计得太拥挤，会直接使用户失去继续浏览的兴趣。简约清晰的设计不仅能增强UI的易用性，还可以让用户不必关心那些无关的信息。

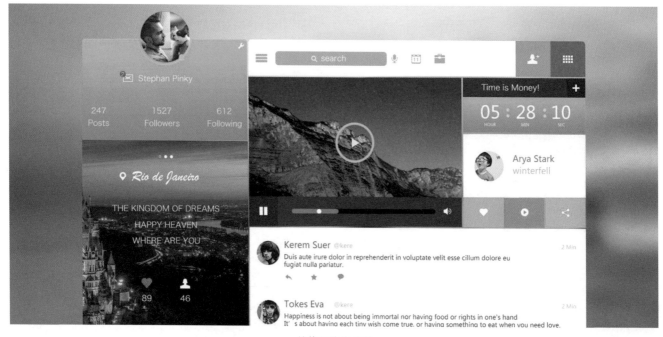

简约设计的界面

2.6.5 UI的文本清晰

界面内文本的清晰度和准确性是确保UI内容的两个重要因素，设计的每一个按钮的名称和备注说明一定要准确无误，文本的大小也要适当。

界面内文本清晰

2.7 移动UI设计的流程

　　一套完整的互联网产品的流程要先由产品经理、用户研究、交互设计师等进行需求分析、市场分析、用户研究等工作，得出信息架构和操作流程；然后交互设计师设计出原型图；再交由视觉设计师完成界面视觉设计；最后交给开发人员写前、后端代码，测试上线。

　　其中的设计界面效果图就是UI设计师的工作，工作内容包括绘制原型图、效果图、切图等。

2.7.1 设计前的交流讨论

⊙ 明确定位目标用户

　　任何产品在早期规划时都要确定产品是为了哪些用户开发的，虽然设计师想为每个人服务，可是事实证明，无论多么优秀的产品都不可能让每个人满意，众口难调说的就是这个道理。因此，我们要选择一个特定的基本目标人群作为主要目标用户群，这样才能集中精力为基本目标用户开发这个产品。

⊙ 调查目标用户的特点

　　要想深入理解用户的想法，就要重复理解潜在用户的相关特征，可以通过调查或者测试的方法来获取并整理信息。

⊙ 确定界面风格

　　根据目标人群的特点，确定适合于界面的风格。例如，当制作视频界面时，可以选择稳重的颜色，当制作游戏时，可以选择鲜艳活泼的风格。

2.7.2 草图设计

　　在完成设计前进行交流时，需要总结交流时获得的信息，在脑子里形成一个构图。确定想法后，就可以开始动手绘图，用笔快速将创意呈现在纸上。

　　草图一般不会一次性定稿，会经过反复的修改和讨论，所以不要急于一时的灵感，要多思考、多绘制。

手绘界面草图

2.7.3 用软件绘制界面

　　一切准备就绪后，就可以开始使用软件绘制界面了。使用软件的主要作用是为设计的草图进行润色和补充，让简单的界面变得更有质感和美感。

软件绘制的界面

 提示

　　软件的使用方法我们在下一章中会具体讲解。

2.8 如何提升自己的设计能力

每次说到提升自己设计能力的时候都会感觉很迷茫，很多道理大家都懂，比如，经常说的"动手多多练习""多看看一些好作品""多去实践演练"又或者"多吸取别人的设计经验"，这些想法都是正确的，毕竟成功的道路是需要不断努力的。但是，这些方法用得正确吗却是个问号。使用不适合自己的方法练习，提升的价值应该会有很多局限性。

2.8.1 保证绘制图形的形状

我们在绘制图形时，首先要明确绘制图像的形状，然后将图像用图纸或软件呈现出来时，能让用户在第一时间识别出绘制的对象为何道具和角色。而且在移动设备中，受界面尺寸的限制，绘制的图形可能很小，所以确保图形形状是很重要的。

 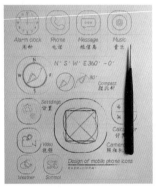 

UI图标草稿图

2.8.2 美术基础

说到设计师，大概很多人的第一反应就是画功一流，美术功底超群的人。能画出好图固然重要，但却不是必要的，就像有的作家语言能力很出色，但是字写得很丑，这样的人能否认他的才能吗？

当好图不能被绘制出来时，使用工具、使用设计软件就是实现想法的途径。把重点放在想象力、执行速度和工作合作方面，与自我的美术基础相结合，尽可能地呈现出想要表达的视觉效果，才能使画面完美。

2.8.3 对色彩的敏感度

色彩是一个值得讨论的话题，其主观性比较强，也没有什么硬性标准。所以要记住一点，即颜色带有温度和情绪的特点，要以所要表达、表现的意图为基础，用颜色创造象征性的联系。

2.8.4 视觉体验

就像前面介绍的色彩搭配一样，颜色带有温度和情绪的特点，要以所要表达、表现的意图为基础绘制界面，创造视觉体验极高的界面。

不同质感的图标设计

2.8.5 精细的细节

    移动设备中经常会出现一些贴心的设计，如我们在图片界面截好图后，到发送界面中时，系统会预先将截好的图以小窗口显示出来，这种精细的细节就是人性化的体现。元素的摆放位置、每个图片的处理、文字的设置等，都是由设计师在负责的，而非简单的"编辑"而已。所以设计时一定要做到画面细腻养眼，图标精致典雅，界面没有拼凑或过分的修饰，做到让人百看不厌。

提前预知要粘贴的图片　　　　　　可切换成不同的地图展示按钮　　　　　　移动组件时出现的提示框

第3章

移动UI的基本绘制

在学习了移动UI的特性和界面导航设计后，下面用Photoshop这一款强大的软件来制作移动UI中需要的图形、图像、图标、界面等。掌握基础图形的绘制和各种效果的添加方法等，读者能够全方位了解Photoshop和移动UI之间的联系。

* 基础图形的绘制　　* 必知的三大功能　　* 必备的样式效果
* 添加画面质感

3.1 基础图形的绘制

本节主要讲解移动UI中基础图形绘制所需要的工具，包括绘制正方形、圆角矩形、组合图形、其他形状等。

3.1.1 选框工具

⊙ 矩形选框工具的应用

矩形、正方形常用于方形按钮部件的制作和方形区域的选取。单击工具箱中第二项工具"矩形选框工具" ⊡ 。

按住Shift键，同时在画布上拖曳光标，就能绘制出正方形选区。

绘制矩形则是不按Shift键，在画布上任意拖曳即可。

矩形选框工具

绘制出的正方形选区

绘制出的矩形选区

⊙ 椭圆选框的应用

圆形、椭圆常用于圆形按钮部件的制作和圆形区域的选取。与正方形、矩形的画法相同，长按工具箱中第二项工具，在弹出的选项中选择"椭圆选框工具" ⊙ 。

按住Shift键，同时在画布上拖曳光标，就能绘制出圆形选区，之后可为选区填充颜色。

与绘制圆形的步骤一样，不按Shift键，便可勾画出任意的椭圆选区。

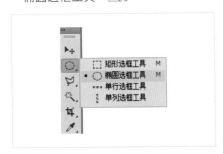

椭圆形工具

3.1.2 形状工具

用Photoshop中的形状工具可以创建出很多种矢量形状，这些工具包括"矩形工具" 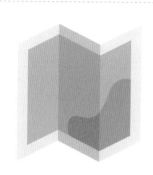 、"圆角矩形工具" 、"多边形工具" 、"椭圆形工具" 、"直线工具" 和"自定形状工具" 。

⊙ 矩形工具的应用

使用"矩形工具" 可以在图像中制作出矩形图形，能为矩形填充颜色，并设置描边大小和颜色。

实战： 使用矩形工具绘制移动地图图标

» 尺寸规格　　　500像素×500像素
» 使用工具　　　形状工具、钢笔工具
» 实例位置　　　实例文件>CH03>使用矩形工具绘制移动地图图标.psd
» 素材位置　　　无
» 视频位置　　　视频文件>CH03>使用矩形工具绘制移动地图图标.mp4

---

01 单击"矩形工具" 绘制一个矩形，在选项栏中设置"填充"为（R:235，G:235，B:235）。

02 选中矩形图层，按快捷键Ctrl+T进入自由变换模式，单击鼠标右键在弹出的菜单中选择"斜切"命令。

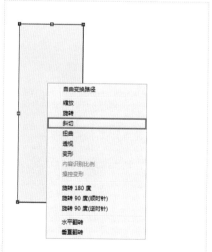

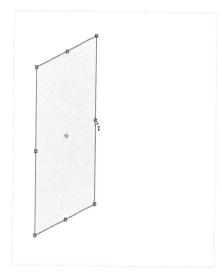

03 将矩形复制一份，按快捷键Ctrl+T进入自由变换模式，单击鼠标右键在弹出的菜单中选择"水平翻转"，再设置"填充"为（R:193，G:193，B:193）。

04 复制一份矩形，将其拖曳到合适的位置。

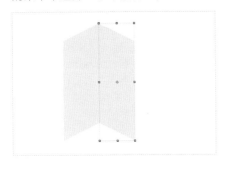

05 使用同样的方法绘制3个矩形，设置"填充"为（R:0，G:198，B:255）。

06 使用"钢笔工具" 绘制图形，设置"填充"为（R:255，G:186，B:0）和（R:0，G:146，B:17）。

07 选中绘制的图形图层，按快捷键Ctrl+Alt+G创建剪贴蒙版。

08 使用同样的方法再绘制3个矩形，再进行图形斜切变换。

09 选中矩形，设置图层的"不透明度"为50，按快捷键Ctrl+Alt+G创建剪贴蒙版。

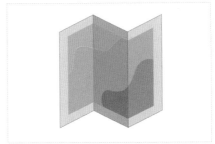

⊙ **圆角矩形工具的应用**

　　使用"圆角矩形工具" 可以创建出具有圆角效果的矩形，其创建方法和选项与矩形完全相同，除此之外增加了"半径"选项，用于设置圆角的半径大小。

实战：使用圆角矩形工具绘制计算器图标

» 尺寸规格　　500像素×500像素
» 使用工具　　形状工具
» 实例位置　　实例文件>CH03>使用圆角矩形工具绘制计算器图标.psd
» 素材位置　　无
» 视频位置　　视频文件>CH03>使用圆角矩形工具绘制计算器图标.mp4

01 使用"圆角矩形工具" 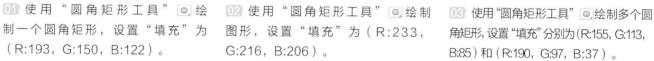 绘制一个圆角矩形，设置"填充"为（R:193，G:150，B:122）。

02 使用"圆角矩形工具" 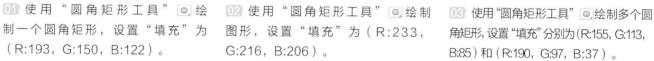 绘制图形，设置"填充"为（R:233，G:216，B:206）。

03 使用"圆角矩形工具" 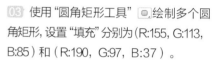 绘制多个圆角矩形，设置"填充"分别为（R:155，G:113，B:85）和（R:190，G:97，B:37）。

04 使用"矩形工具"  绘制图形，设置"填充"为（R:136，G:93，B:64）。

05 使用同样的方法绘制其他图形，设置"填充"为（R:136，G:93，B:64）。

06 使用"矩形工具" 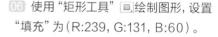 绘制图形，设置"填充"为（R:239，G:131，B:60）。

⊙ 椭圆工具的应用

使用"椭圆形工具" 可以创建出椭圆和圆形。

实战：使用椭圆工具绘制音乐图标

- » 尺寸规格　　500像素×500像素
- » 使用工具　　形状工具
- » 实例位置　　实例文件>CH03>使用椭圆工具绘制音乐图标.psd
- » 素材位置　　无
- » 视频位置　　视频文件>CH03>使用椭圆工具绘制音乐图标.mp4

01 使用"椭圆形工具" 绘制圆形，然后填充颜色为黑色。

02 在选项栏中选择"类型"为"减去顶层形状"，再绘制圆形。

03 使用"椭圆形工具" 绘制圆形，设置"填充"为（R:220，G:207，B:185），然后在选项栏中选择"类型"为"减去顶层形状"，再绘制圆形。

04 使用"椭圆形工具" 绘制圆形，设置"描边"颜色为（R:70，G:70，B:70）、"描边宽度"为10。

🔔 提示

"直接选择工具"
主要用来选择路径上的单个或多个锚点，并且可以对锚点进行调试或移动。

05 选择"直接选择工具" ，单击圆形图层，选中圆形的锚点，再按Delete键删除锚点。

06 使用同样的方法绘制弧线。

⊙ 组合多种矢量工具的应用

　　使用各种不同的形状工具绘制图形，进行适当的组合，创建出新的图形图像，从而制作出需要的图标或界面。组合图形在图标绘制过程中是最常见的。

实战：使用多种工具绘制移动UI图标

» 尺寸规格	500像素×500像素
» 使用工具	形状工具
» 实例位置	实例文件>CH03>使用多种工具绘制移动UI图标.psd
» 素材位置	无
» 视频位置	视频文件>CH03>使用多种工具绘制移动UI图标.mp4

01 选择"自定形状工具" 🔲 ，在选项栏中设置"填充"为（R:70，G:70，B:70），选择"形状"为会话1，然后绘制图形。

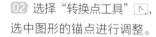

02 选择"转换点工具" 🔽 ，选中图形的锚点进行调整。

03 复制缩放一份图形，按快捷键Ctrl+T进入自由变换模式进行水平翻转，设置"填充"为（R:0，G:160，B:233），再将图层移动到最下方。

04 使用"椭圆形工具" ⬭ 绘制3个圆形，设置"填充"为（R:0，G:160，B:233）。

3.1.3 钢笔工具

"钢笔工具" 是最基本、最常用的路径绘制工具，使用该工具可以绘制任意形状的直线或曲线路径。

实战：使用钢笔工具绘制天气图标

- » 尺寸规格　　　500像素×500像素
- » 使用工具　　　形状工具
- » 实例位置　　　实例文件>CH03>使用钢笔工具绘制天气图标.psd
- » 素材位置　　　无
- » 视频位置　　　视频文件>CH03>使用钢笔工具绘制天气图标.mp4

01 使用"钢笔工具"绘制图形，设置"描边"为白色、"描边宽度"为1.5。

02 使用"椭圆形工具"绘制圆形，然后单击绘制的图形缩略图，再单击图层下方的"添加图层蒙版"按钮 。

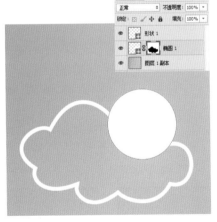

> ⚠ **提示**
> 除了可以单击图层下方的"添加图层蒙版"按钮外，还可以执行"图层>矢量蒙版>当前路径"命令添加图层蒙版。

03 使用"钢笔工具"  绘制线段，设置颜色为白色。

04 使用"钢笔工具"  绘制各种图形，完善图标。

3.2 必知的三大功能

除了形状工具，其他一些必不可少的工具也要熟练掌握。

3.2.1 文字工具

Photoshop中的文字由基于矢量的文字轮廓组成，这些形状可以用于表现字母、数字和符号。

⊙ 文本工具的应用

选择"横排文字工具" ⊤ 输入文本，在选项栏中设置文本的颜色、字体和大小。

系统字体文字

APP界面文字

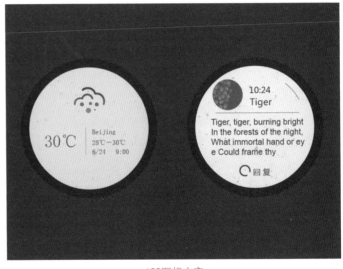

APP图标文字

3.2.2 渐变工具

使用"渐变工具" ■ 可以在整个文档或选区内填充渐变色，并且可以创建多种颜色间的混合效果。渐变的应用非常广泛，不仅可以填充图形，还可以用来填充图层蒙版和背景图层。

⊙ 渐变工具的应用

单击"渐变工具" ■ ，在弹出的对话框中设置渐变颜色，然后在画布上拖曳渐变效果。

3.2.3 蒙版

蒙版分为剪贴蒙版、快速蒙版、图层蒙版和矢量蒙版，这些蒙版都具有各自的功能，下面介绍图层蒙版和剪贴蒙版。

⊙ 图层蒙版的应用

图层蒙版是所有蒙版中最为重要的一种，可以用来隐藏、合成图像等。

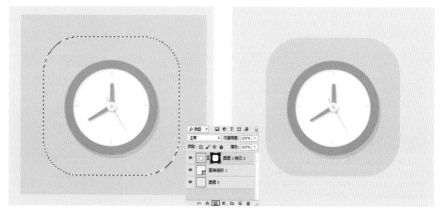

⊙ 剪贴蒙版的应用

剪贴蒙版可以用一个图层中的图像来限制处于它上层的图像的显示范围，并且可以针对多个图像。

 提示

多张图应用剪贴蒙版，显示的效果为最底层图像。

3.3 必备的样式效果

这节介绍"图层样式"。"图层样式"也称"图层效果"，是制作纹理、质感和特效的关键，可以为图层中的图像添加投影、发光、浮雕、光泽、描边等效果，以创建出金属、玻璃、皮革以及具有立体感的特效，经常用于图标质感和界面效果表现上。

添加"图层样式"可以采用以下3种方法。

第1种：执行"图层>图层样式"菜单下的子命令，弹出"图层样式"对话框，可以在该对话框中调整相应的参数。

第2种：单击"图层"面板下的"添加图层样式"按钮 *fx.*，在弹出的菜单中选择一种样式即可打开"图层样式"对话框。

第3种：在"图层"中双击需要添加样式的图层，即可打开"图层样式"对话框，然后在对话框左侧选择需要添加的效果。

3.3.1 斜面与浮雕

使用"斜面与浮雕"样式可以为图层添加高光与阴影，使图像产生立体的浮雕效果。

⊙ 斜面与浮雕的应用

执行"图层>图层样式>斜面与浮雕"菜单命令，在弹出的面板中设置参数，完成设置后图像即可添加浮雕效果。

3.3.2 描边

"描边"样式可以使用颜色、渐变以及图案来绘制图像的轮廓边缘。

⊙ 描边的应用

执行"图层>图层样式>描边"菜单命令,在弹出的面板中设置参数,完成设置后图像即可添加描边效果。

3.3.3 内阴影

"内阴影"样式可以在紧靠图层内容的边缘内添加阴影,使图层内容产生凹陷效果。

⊙ 内阴影的应用

执行"图层>图层样式>内阴影"菜单命令,在弹出的面板中设置参数,完成设置后图像即可添加内阴影效果。

3.3.4 渐变叠加

"渐变叠加"样式可以在图层上叠加指定的渐变色。

⊙ 颜色叠加的应用

执行"图层>图层样式>渐变叠加"菜单命令,在弹出的面板中设置参数,完成设置后图像即可添加渐变叠加效果。

3.3.5 图案叠加

"图案叠加"样式可以在图层上叠加指定的图案，并且可以缩放图案、设置图案的不透明度和混合模式。

⊙ **图案叠加的应用**

执行"图层>图层样式>图案叠加"菜单命令，在弹出的面板中设置参数，完成设置后图像会替换成新的图案效果。

3.3.6 外发光

"外发光"样式可以沿图层的边缘向外创建发光效果。

⊙ **外发光的应用**

执行"图层>图层样式>外发光"菜单命令，在弹出的面板中设置参数，完成设置后图像即可添加外发光效果。

3.3.7 投影

"投影"样式可以为图层添加投影效果，使其产生立体感。

⊙ **投影的应用**

执行"图层>图层样式>投影"菜单命令，在弹出的面板中设置参数，完成设置后图像即可添加投影效果。

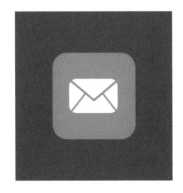

3.4 添加画面质感

除了图形的绘制方法，为了表现出不同的质感，还需要掌握一些画面效果的制作方法，以增加界面的层次感。

3.4.1 模糊

一般"模糊"命令用来制作"毛玻璃"效果，毛玻璃其实就是磨砂玻璃，能够模糊呈现作为底的图像，让人感觉有种朦胧美，让界面看上去有层次感。

⊙ **模糊的应用**

模糊滤镜中一般使用"高斯模糊"命令，它是比较常用的模糊滤镜，可以向图像中添加低频细节，使图像产生一种朦胧的模糊效果。执行"滤镜>模糊>高斯模糊"菜单命令，设置好参数后会出现模糊效果。

3.4.2 杂色

使用"添加杂色"滤镜命令可以在图像中添加随机像素，可以制作出磨砂质感。

⊙ **杂色的应用**

执行"滤镜>杂色>添加杂色"菜单命令，在弹出的面板中设置参数，完成设置后图像中就会出现磨砂效果。

实战：制作翻页日历图标

» 尺寸规格　　800像素×800像素
» 使用工具　　形状工具、文本工具、
» 实例位置　　实例文件>CH03>制作翻页日历图标.psd
» 素材位置　　无
» 视频位置　　视频文件>CH03>制作翻页日历图标

---

01 按快捷键Ctrl+N新建一个"翻页日历图标"文件，设置
"宽度"为
800像素、
"高度"
为800像
素"、"分
辨率"为
300像素/
英寸。

02 设置"前景色"为（R:83，G:98，B:111），按快捷
键Alt+Delete为背
景色填充蓝灰色，再
使用"圆角矩形工
具"绘制一个圆
角矩形，在选项栏中
设置"半径"为80
像素。

---

03 执行"图层>图层样式>斜面和浮雕"菜单命令，设置各
项参数。

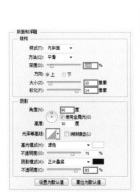

04 选择"内阴影"样式，设置"颜色"为白色，再设置其
他参数。

05 选择"内发光"样式，设置"颜色"为白色，再设置其他参数。

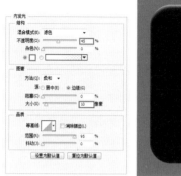

06 选择"投影"样式，再设置各项参数。

07 打开"木质材质"文件，将其拖曳到当前文件图像中，按快捷键Ctrl+Alt+G创建剪贴蒙版效果。

08 选择"圆角矩形工具"，在选项栏中设置"半径"为40像素，绘制一个圆角矩形，设置"填充"为（R:67，G:67，B:67）。

09 执行"图层>图层样式>内发光"菜单命令，设置"颜色"为（R:80，G:60，B:49），再设置各项参数。

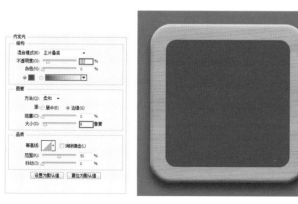

10 选择"投影"样式，设置"不透明度"为90、"距离"为5、"大小"为15。

11 选中圆角矩形图层，复制一份，然后双击图层修改参数，将投影的效果加大。

12 选中复制图层，按快捷键Ctrl+Alt+G创建剪贴蒙版效果。

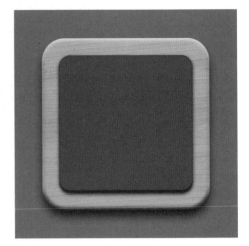

13 复制两份，使用同样的方法修改"投影"效果，再创建剪贴蒙版效果。

14 复制一份图层，清除图层样式效果，执行"滤镜>杂色>添加杂色"命令，在弹出的面板中设置参数，再按快捷键Ctrl+Alt+G创建剪贴蒙版效果。

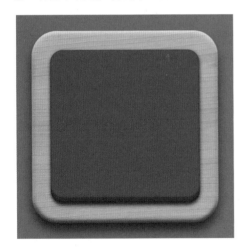

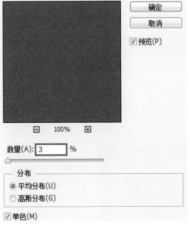

 提示

此步骤添加杂色效果，是为了使图像产生磨砂的质感，让整个图标的设计更有立体感。

15 复制一份杂色图层，将图像向上移动，然后按快捷键 Ctrl+T进入自由变换模式，单击鼠标右键选择"透视"，再为图像拖曳出透视形状。

16 执行"图层>图层样式>内发光"菜单命令，设置内发光"颜色"为（R:67，G:67，B:67），设置其他参数。

17 选择"投影"样式，设置投影的其他参数。

18 单击图层面板下方的"添加图层蒙版" 按钮，再选择"矩形选框工具" 框选范围，在蒙版内填充黑色，设置出翻页效果。

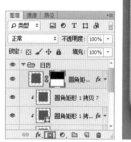

 提示

使用图层蒙版的方法呈现出图像填充的间隔，间隔位置以图像的中间线为标准，可以拖曳出参考线作为辅助。

19 使用"横排文字工具" [T] 输入文本，设置"文本颜色"为白色，选择合适的字体样式和大小，再执行"图层>图层样式>内阴影"菜单命令，设置各项参数值。

20 单击图层面板下方的"添加图层蒙版" [⊡] 按钮，再选择"矩形选框工具" [□] 框选范围，在蒙版内填充黑色。

21 新建一个图层，设置"前景色"为（R:195，G:201，B:205），按快捷键Alt+Delete填充图层，执行"滤镜>杂色>添加杂色"命令，在对话框中设置参数，再按快捷键Ctrl+Alt+G创建剪贴蒙版效果。

22 复制一份文本图层，按快捷键Ctrl+T进入自由变换模式，将文本调整为透视图像。

23 使用同样的方法，为复制图像添加杂色图层。

24 使用"矩形工具" [□] 绘制矩形，在选项栏中设置"填充"为（R:72，G:72，B:72）。

25 执行"图层>图层样式>内阴影"菜单命令，设置"不透明度"为35%、"距离"为1像素、"大小"为1像素。

26 使用"矩形工具" 绘制矩形，在选项栏中设置"填充"为黑色，再设置图层"填充"为50%。

27 使用同样的方法绘制其他文本。

28 选择"椭圆形工具" ，然后按住Shift键绘制圆形，在选项栏中设置"填充"为（R:194，G:200，B:200）。

29 执行"图层>图层样式>斜面和浮雕"菜单命令，设置阴影模式的"颜色"为（R:73，G:37，B:37），再设置其他各项参数。

30 选择"描边"样式，设置各项参数。

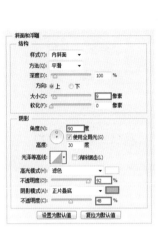

31 选择"内阴影"样式，设置各项参数。

32 选择"光泽边"样式，设置各项参数，增加日历扣的材质效果。

33 选择"椭圆形工具" ◉ 在日历扣中绘制圆形，设置颜色为黑色，执行"图层>图层样式>内阴影"菜单命令，设置各项参数。

34 选择"内发光"样式，设置颜色为（R:183，G:183，B:174），再设置其他各项参数。

35 选中日历扣和阴影图层，将其复制一份并水平向下拖曳到合适的位置。

36 使用"圆角矩形工具" ◉ 绘制一个圆角矩形，在选项栏中设置"半径"为20像素，执行"图层>图层样式>斜面和浮雕"菜单命令，在斜面和浮雕面板中设置各项参数。

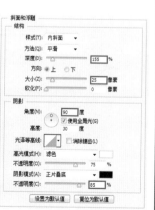

37 选择"光泽"样式，在光泽面板中设置参数。　　　**38** 选择"投影"复选框，在投影面板中设置参数。

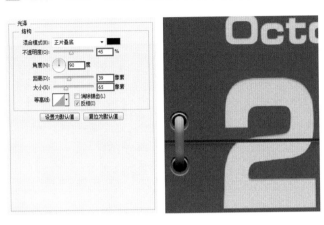

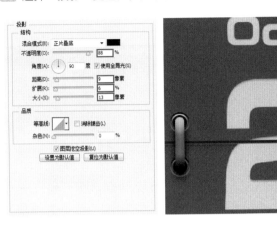

39 至此，本实例制作完成。

第4章

移动UI的控件制作

一个界面会为用户提供大量控件，使用户可以通过这些控件快捷地完成一些操作或浏览信息的界面元素。而随着手机平台的发展，应用界面也逐渐形成了一套统一的规则，所以在设计一套界面时，要从交互层面和视觉层面两方面来考虑设计平台的问题，使界面在保持易用性的同时不缺乏创新。总而言之，希望通过学习本章的内容，读者能够独立制作出一些简单的界面元素，并强化基础元素的操作。

* 常见控件的制作   * 控件构成界面的制作

4.1 常见控件的制作

界面应用都会用到各种UI元素，其元素可分为4大类，分别是栏、内容视图、控制元素和临时视图。对这些基本控件的名称、角色和作用加以了解，才能在绘制界面的过程中做出正确合理的设计决策。

4.1.1 图标

"图标"可以用来展示软件或控件想要表达的内容，呈现的形式是将物体的形状简体化。

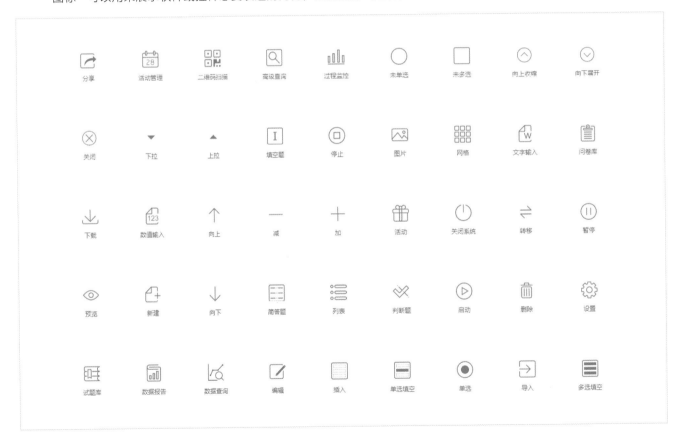

图标的特点

- 图标元素用简洁的线条就能绘制出要表达的内容。
- 图标尺寸小巧简单。

实战： 制作图标

» 尺寸规格	500像素×500像素
» 使用工具	形状工具、钢笔工具
» 实例位置	实例文件>CH04>制作图标.psd
» 素材位置	无
» 视频位置	视频文件>CH04>制作图标.mp4

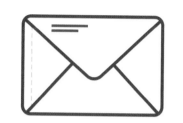

◎ 设计思路

本实例制作的是图标，使用形状工具和钢笔工具就能简单地绘制出想要的形状。

---

01 新建空白文档，使用"圆角矩形工具" 绘制图形，设置"描边"颜色为（R:67，G:67，B:67）。

02 使用"钢笔工具" 绘制线段，使用"转换点工具" 调整线段节点。

03 使用"钢笔工具" 绘制线段。

04 单击图层下方的"添加图层蒙版"按钮，在蒙版中添加蒙版效果。

05 使用"钢笔工具" 绘制线段，设置"描边"颜色为（R:201，G:201，B:201）、"描边选项"为虚线。

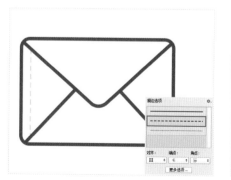

06 使用"钢笔工具" 绘制线段，设置"描边"颜色为（R:230，G:0，B:18）。

4.1.2 状态栏

"状态栏"的作用是展示设备和与当前环境相关的重要信息以及所具有的功能。

不同设备的状态栏

状态栏的特点

- 状态栏显示在屏幕的最上方，栏中包含网络连接、时间和电量等状况信息。
- 状态栏一般为透明状态，颜色会根据界面内容进行改变。
- 当运行游戏程序时，状态栏会自动隐藏，为用户节省更大的空间，只有退出程序后才可以查看设备的电量情况。
- 当全屏观看媒体文件时，状态栏也会自动隐藏，这时用户只要轻触屏幕，状态栏便会自动呈现。
- iOS系统和Andriod系统的状态栏显示内容大致相同，只是位置摆放不同。
- 向下划动状态栏将显示通知详情。

实战：制作状态栏

- » 尺寸规格　　750像素×40像素
- » 使用工具　　形状工具、钢笔工具、文本工具
- » 实例位置　　实例文件>CH04>制作状态栏.psd
- » 素材位置　　无
- » 视频位置　　视频文件>CH04>制作状态栏.mp4

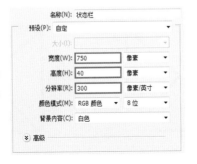

◎ 设计思路

因为状态栏的背景是透明的，所以只需绘制状态栏上的图标，使用"形状工具"和"钢笔工具"绘制即可，绘制时注意每个图标之间的距离与位置。这里为了方便观看，设计时我们将背景设置为深灰色。

---

01 执行"文件>新建"菜单命令，新建一个空白文档，设置"宽度"为750像素、"高度"为40像素、"分辨率"为300像素/英寸。

名称(N):	状态栏	
预设(P):	自定	▼
大小(I):		▼
宽度(W):	750	像素 ▼
高度(H):	40	像素 ▼
分辨率(R):	300	像素/英寸 ▼
颜色模式(M):	RGB 颜色	8 位 ▼
背景内容(C):	白色	▼
≫ 高级		

02 选择"矩形工具" ▢ 单击画布，在画布上绘制一个黑色的矩形。

宽度: 750 像素　高度: 40 像素

☐从中心

03 单击"椭圆形工具"，按住Shift键绘制圆形，在选项栏中设置"填充"为白色，再使用"移动工具"按住Alt键向右拖动圆形，将其复制2份。

04 继续绘制2个圆形，在选项栏中设置"填充"为无、"描边"为白色、"描边宽度"为2。

05 使用"横排文字工具"输入文本，然后设置文本参数。

06 单击"椭圆形工具"，按住Shift键绘制2个圆形，然后设置"描边"为4点。

07 在2个圆环中绘制一个圆形，然后设置"填充"为白色。

08 单击"钢笔工具"，设置"路径操作"为"与形状区域相交"，在画布中绘制三角形，得到图形。

09 使用"横排文字工具"在画布中输入时间文本。

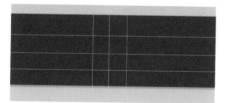

10 按快捷键Ctrl+R显示标尺，使用"移动工具"拖动参考线。

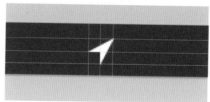

11 单击"钢笔工具"，设置"工具模式"为"形状"、"填充"为白色，在画布中沿着参考线绘制形状。

 提示

按快捷键Ctrl+R可以显示标尺与参考线，再按一次快捷键Ctrl+R即可隐藏标尺与参考线。

12 使用"圆角矩形工具"绘制一个"描边宽度"为2的白色圆角矩形，再绘制一个填充为白色的圆角矩形。

13 单击"矩形工具"，设置"路径操作"为"减去顶层形状"，在圆角矩形上方绘制矩形。

14 使用"椭圆形工具"绘制圆形，再单击"矩形工具"，设置为"减去顶层形状"，减去圆形的左半部分。

15 至此，本实例制作完成。

4.1.3 导航栏

"导航栏"顾名思义就是导航层级结构中的信息，可有序地管理屏幕中的信息。

〈书签　　　　**个人收藏**　　　　　**完成**　群组　　　**所有联系人**　　　　　＋

不同系统的导航栏

导航栏的特点

- iOS导航栏位于屏幕的顶端位置，处于"状态栏"下方，"导航栏"中通常显示的是用户当前屏幕的信息标题。

- 点击iOS导航栏左边的"返回"按钮可以回到上一级菜单，同时可以使用当前显示的控件来管理屏幕内容。

- Android导航栏位于屏幕下端，以虚拟按钮代替传统手机的物理按键，按键包括返回、Home和最近任务。

- 为了避免过多的控件填满导航栏，除了标题外，用户最多可以再在"导航栏"上放一个返回按钮和一个操作内容的按钮。

- "导航栏"没有颜色和字体的限制，所以在设计导航栏时可以自定义喜欢的颜色和字体，当然要适合界面整体的效果。

- "导航栏"是整屏通栏显示的，当切换到横屏模式时，导航栏的高度会自动改变，为内容留出更大的空间。

实战：制作导航栏

» 尺寸规格　　768像素×93像素
» 使用工具　　钢笔工具、转换点工具
» 实例位置　　实例文件>CH04>制作导航栏.psd
» 素材位置　　无
» 视频位置　　视频文件>CH04>制作导航栏.mp4

◎ 设计思路

本实例制作的是导航栏，以虚拟按键代替了传统手机的物理按键，包括返回键、Home键和最近任务。

01 执行"文件>新建"菜单命令，新建一个空白文档，设置各项参数及选项。

02 单击"渐变工具" ，设置颜色从黑色到（R:30，G:28，B:25），在画布上拖曳出渐变效果。

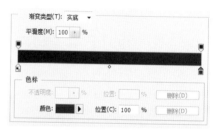

03 选择"钢笔工具" 绘制对象，使用"转换点工具" 调节对象形状。

04 使用"钢笔工具" 绘制Home键，在选项栏中单击"描边选项"的"端点"为"圆角"。

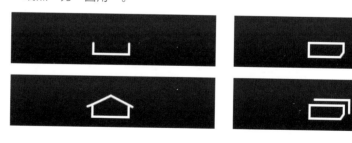

05 使用"钢笔工具" 分别绘制对象。

06 至此，本实例制作完成。

4.1.4 工具栏

"工具栏"中放置着一些与当前屏幕视图相关的操作按钮，用来操控当前视图的内容。

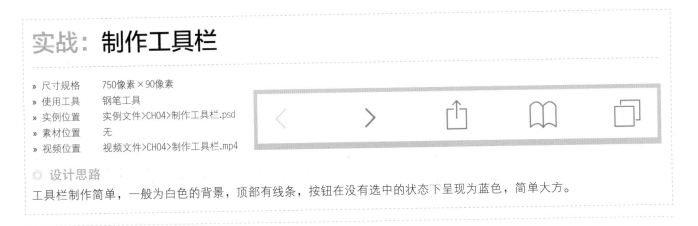

工具栏的特点

- 工具栏多存在于iOS系统中，位于屏幕的底部，将竖屏切换为横屏时，工具栏的高度会自动变小。
- 用户可以在工具栏中放置当前情景下最常用的功能，通过放置分段控件，来切换浏览数据的方式。
- 工具栏中的每个控件至少要保持44像素×44像素的大小，否则控件数量过多时，会给点击操作带来困难。

实战：制作工具栏

» 尺寸规格	750像素×90像素
» 使用工具	钢笔工具
» 实例位置	实例文件>CH04>制作工具栏.psd
» 素材位置	无
» 视频位置	视频文件>CH04>制作工具栏.mp4

◎ 设计思路

工具栏制作简单，一般为白色的背景，顶部有线条，按钮在没有选中的状态下呈现为蓝色，简单大方。

01 执行"文件>新建"菜单命令，新建一个空白文档，设置"前景色"为（R:249，G:249，B:249），再按快捷键Alt+Delete填充颜色。

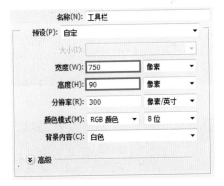

02 单击"直线工具" ，在选项栏中设置"描边"颜色为（R:174，G:174，B:174）、"描边宽度"为1，在顶部绘制一条与画布同宽的直线。

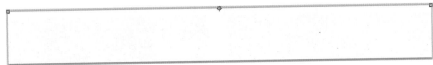

03 使用"钢笔工具" 绘制对象，设置"描边"颜色为（R:193，G:193，B:193）、"描边宽度"为2，再将"描边选项"的"端点"设置为"圆角"，接着按快捷键Ctrl+T旋转45°。

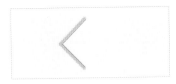

04 用同样的方法绘制"右按钮"，设置"描边"颜色为（R:0，G:122，B:255）。

05 使用"钢笔工具" 绘制按钮的形状。

06 使用"钢笔工具" 绘制3条直线，再绘制弧线部分，接着使用"转换点工具" 调整线段的弧度，完成按钮的制作。

07 使用"矩形工具" 绘制正方形，再使用"钢笔工具" 绘制图形。

08 至此，工具栏绘制完成。

4.1.5 标签栏

　　"标签栏"用于切换视图、子任务和模式，并且管理程序层面的信息。"标签栏"一般位于屏幕的底部，始终可见，当选择某个按钮时，按钮会处于高亮的状态。

不同APP的标签栏

标签栏的特点

- 标签栏只能显示5个以内的页签，如果程序有更多的页签，一般会在第5个位置显示"更多"，用列表的方式展现其他项目。

- 标签栏适合用于主程序界面，因为它可以很好地扁平化信息层次，在同一时刻提供多个平级信息的入口。

- 标签栏的透明度和高度不随设备的方向发生变化。

实战：制作标签栏

- » 尺寸规格　　750像素×98像素
- » 使用工具　　钢笔工具、形状工具
- » 实例位置　　实例文件>CH04>制作标签栏.psd
- » 素材位置　　无
- » 视频位置　　视频文件>CH04>制作标签栏.mp4

◎ 设计思路

本实例制作的是标签栏。标题栏的底色为黑色，栏上的按钮为灰色，中间有分隔线，当按钮处于选中状态时，会显示为高亮。本实例的难点在于按钮部分，需要细心绘制。

01 执行"文件>新建"菜单命令，新建一个空白文档，设置"前景色"为（R:27，G:27，B:27），按快捷键Alt+Delete填充颜色。

02 使用"圆角矩形工具" ▣ 绘制2个图形，设置"描边"颜色为（R:169，G:183，B:183）、"描边宽度"为2。

03 单击"自定形状工具" ⚙，在选项栏中设置"形状"为标志3，然后在圆角矩形上绘制图形，再选中绘制的图形进行合并。

04 单击"自定形状工具" ⚙，在选项栏中设置"形状"为会话10，再按快捷键Ctrl+T进入自由变换状态，单击鼠标右键在弹出的菜单中选择"水平翻转"，再使用"钢笔工具" ✐ 绘制线段。

05 使用"钢笔工具" ✐ 绘制对象，然后单击"自定形状工具" ⚙，在选项栏中设置"形状"为"红星形卡"，再绘制图形。

06 使用"椭圆形工具" ◯ 绘制圆形，再使用"钢笔工具" ✐ 绘制对象，设置"描边"颜色为白色。

07 使用"横排文字工具" ［T］ 输入每个标签所对应的文字，至此，标签栏绘制完成。

4.1.6 搜索栏

"搜索栏"可以对用户输入的关键字进行筛选从而获得信息。

不同系统的搜索栏

搜索栏的特点

- 搜索栏的外观设计风格简单，以圆角矩形为主。

- 搜索按钮在默认情况下放置在搜索栏的左侧或中间，键盘会在用户点击搜索栏后自动出现。

- 大多数搜索栏都包含清空按钮，用户点击该按钮就可以清除搜索栏中的内容，清空按钮会在用户在搜索栏中输入任何非占位符的文字时出现。

实战：制作搜索栏

» 尺寸规格	750像素×75像素
» 使用工具	形状工具
» 实例位置	实例文件>CH04>制作搜索栏.psd
» 素材位置	无
» 视频位置	视频文件>CH04>制作搜索栏.mp4

◎ 设计思路

本实例主要讲解搜索栏的制作方法和步骤，实例制作起来非常简单，制作时要注意圆角的大小。

01 新建一个空白文档，在选项栏中单击渐变编辑条，选择"渐变"效果，设置颜色从（R:53，G:57，B:94）到（R:87，G:79，B:95），然后在画布上拖曳出渐变效果。

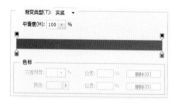

02 选择"圆角矩形工具" ，单击画布，设置"圆角半径"为29，再设置圆角矩形的"不透明度"为25%。

03 使用"椭圆形工具"，按住Shift键绘制圆形，设置"描边"为白色、"描边宽度"为2，然后使用"钢笔工具"绘制图形，再选中两个图形的图层，设置"不透明度"为80%。

04 使用"椭圆形工具" ● 绘制圆形，设置颜色为（R:246，G:246，B:246），再设置"不透明度"为60%。

05 使用"钢笔工具" 绘制图形，设置"描边"颜色为（R:128，G:128，B:128）。

06 使用"横排文字工具" T 输入文本，并设置"不透明度"为60%。

4.1.7 选择栏

"选择栏"显示的是当前界面内可以选择的选项。

选择栏

选择栏的特点

- 选择栏一般在Android系统中比较常见，它会根据不同的界面出现不同的选择内容，一般显示为确认、分享、选择、删除、菜单等按钮。

实战：制作选择栏

» 尺寸规格　　1080像素×135像素
» 使用工具　　钢笔工具、形状工具、文本工具
» 实例位置　　实例文件>CH04>制作选择栏.psd
» 素材位置　　无
» 视频位置　　视频文件>CH04>制作选择栏.mp4

◎ 设计思路

本实例制作的是选择栏，栏中有多个图标按钮可供用户选择，图标是简单的平面效果，易于理解，并且制作难度不大。

01 执行"文件>新建"菜单命令，新建一个空白文档，设置各项参数及选项。

02 设置"前景色"为（R:87，G:79，B:95），按快捷键Alt+Delete填充颜色。

03 使用"钢笔工具" 绘制对象，设置"描边"颜色为（R:204，G:213，B:216）、"描边宽度"为1.5，再使用"钢笔工具" 绘制线段，设置"描边"颜色为白色、"描边宽度"为0.5，并设置"不透明度"为40%。

04 使用"横排文字工具" 输入文本，并设置"不透明度"为80%。

选中了1项

05 使用"钢笔工具" 绘制三角形，填充颜色为（R:204，G:213，B:216），设置"不透明度"为50%。

06 使用"椭圆形工具" 绘制多个圆形，设置图层的"不透明度"为50%。

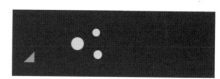

07 使用"钢笔工具" 绘制线段，设置图层的"不透明度"为50%。

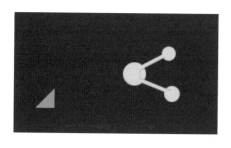

08 复制一份三角形，然后将其拖曳到右边。

09 使用"圆角矩形工具" 绘制图形，再设置"路径操作"为"减去顶层形状"，然后在圆角矩形上方绘制矩形。

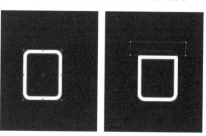

 提示

图标的样式，也可以绘制成其他的形状。

10 使用"圆角矩形工具"▣绘制图形，再设置"路径操作"为"减去顶层形状"，然后在圆角矩形上方绘制矩形。

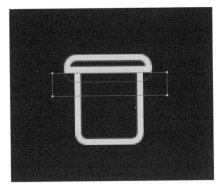

11 使用同样的方法完善图形，然后使用"钢笔工具"✐绘制线段，设置绘制图形的"不透明度"为50%。

12 使用"矩形工具"▣绘制多个矩形，然后设置图层的"不透明度"为50%。

13 至此，本实例绘制完成。

4.1.8 滚动条

用户可通过滚动条在容许的范围内调整值或进程。

滚动条

滚动条的特点

- 滚动条由滑轨、滑块及可选的图片组成。可选图片向用户传达的是滚动条左、右两端各代表什么，滑块的值会在用户拖曳滑块时连续变化。

- 可水平或竖直放置。

- 可根据滑块的位置及控件的各种状态来定制不同滑轨的外观。

实战：制作滚动条

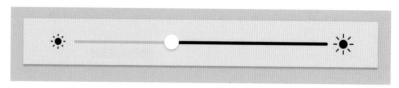

- » 尺寸规格　　750像素×94像素
- » 使用工具　　圆角矩形工具、椭圆形工具、钢笔工具
- » 实例位置　　实例文件>CH04>制作滚动条.psd
- » 素材位置　　无
- » 视频位置　　视频文件>CH04>制作滚动条.mp4

◎ 设计思路

本实例主要制作一个简单的调整亮度的滚动条，制作方法非常简单，但制作的时候一定要注意对齐图层，不然会使整个图像效果看起来非常混乱。

---

01 执行"文件>新建"菜单命令，新建一个空白文档，然后设置各项参数及选项。

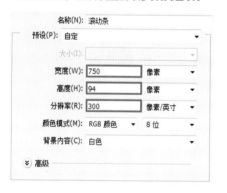

02 设置"前景色"为（R:125，G:127，B:129），按快捷键Alt+Delete填充颜色，然后设置图层的"不透明度"为30%。

03 使用"圆角矩形工具" 绘制图形，设置"填充"为（R:181，G:181，B:181），复制一份圆角矩形，调整图形大小，然后设置"填充"为黑色，再设置"不透明度"为80%。

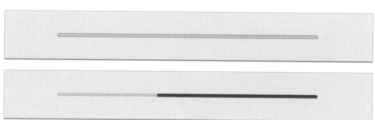

04 使用"椭圆形工具" ，按住Shift键绘制圆形，然后设置"填充"为白色。

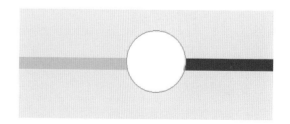

05 执行"图层>图层样式>投影"菜单命令，设置各项参数。

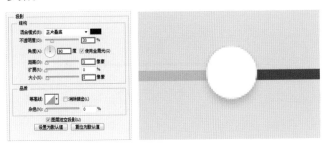

06 下面绘制亮度的图标。使用"椭圆形工具" 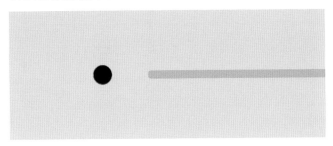，按住Shift键绘制圆形，然后设置"填充"为黑色。

07 使用"钢笔工具" 绘制图形，设置"描边宽度"为2。

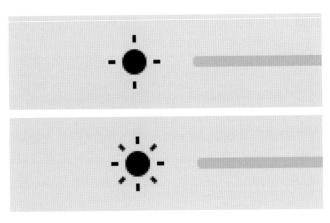

08 使用同样的方法绘制一个较大的亮度图标，至此滚动条的绘制就完成了。

🔔 **提示**

因为使用"钢笔工具" 绘制斜线会出现偏差，所以可以先绘制直线，然后按快捷键Ctrl+T进入自由变换模式进行旋转。

4.1.9 切换器

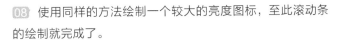

切换器用于切换两种相反的选择或状态。

切换器的特点

- 切换器展示的是当前的激活状态，用户滑动或点击可以切换状态。

- 在表格视图中展示两种如"是/否""开/关"的简单、互斥选项。

- 在一些默认情况下，自定义的开关图像会被忽略，变成灰色。

实战： 制作切换器

» 尺寸规格　750像素×75像素
» 使用工具　椭圆形工具、矩形工具
» 实例位置　实例文件>CH04>制作切换器.psd
» 素材位置　无
» 视频位置　视频文件>CH04>制作切换器.mp4

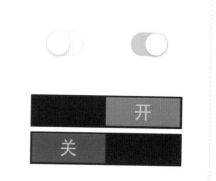

◎ 设计思路

本实例制作的是切换按钮，当按钮为打开状态时，按钮高亮显示；当按钮为关闭
状态，按钮为灰色，两者的绘制方法相似。

---

01 执行"文件>新建"菜单命令，新
建一个空白文档。

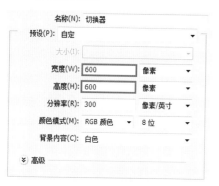

02 使用"圆角矩形工具" 绘制
图形，在选项栏中设置"填充"为
（R:238，G:238，B:238）。

03 执行"图层>图层样式>描边"菜单命令，设置"颜色"为（R:223，
G:221，B:221）。

04 使用"椭圆形工具" ，
按住Shift键在圆角矩形中绘制
圆形。

05 执行"图层>图层样式>描边"菜单命
令，设置"颜色"为（R:223，G:221，
B:221）。

06 再选中"投影"选项,设置各项参数。

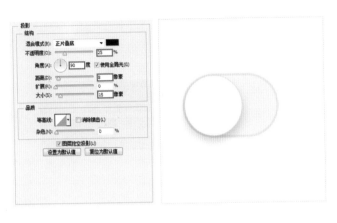

07 使用"圆角矩形工具"  绘制图形,在选项栏中设置"填充"为(R:76,G:216,B:100)。

08 使用"椭圆形工具"  绘制圆形,执行"图层>图层样式>描边"菜单命令,设置"颜色"为(R:122,G:122,B:122)。

09 再选中"投影"选项,设置"不透明度"为20%、"距离"为8、"大小"为10。

10 使用"矩形工具"  绘制矩形,在选项栏中设置"填充"为(R:35,G:35,B:35),再使用"圆角矩形工具"  绘制图形,设置"填充"为(R:7,G:129,B:170)。

11 执行"图层>图层样式>斜面和浮雕"菜单命令，设置各项参数。

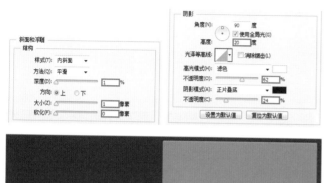

12 选中"外发光"选项，设置"颜色"为（R:7，G:129，B:170），再设置其他参数。

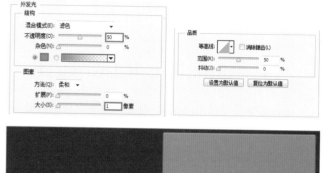

13 使用"横排文字工具"[T]输入文本，在选项栏中设置字体和字体大小，再设置"文本颜色"为（R:193，G:193，B:193）。

14 双击文本图层，在弹出的"图层样式"面板中选中"内阴影"选项，设置各项参数，再单击"确定"按钮 确定 。

15 使用同样的方法，再绘制一个矩形切换器，并设置圆角按钮的"颜色"为（R:83，G:83，B:83）。

16 使用文本工具输入文本，至此，本实例制作完成。

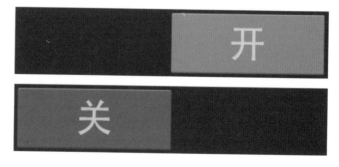

4.2 控件构成界面的制作

下面我们将绘制好的各种控件和元素构制成一个小界面，使画面完整。

4.2.1 Assistive touch按钮

Assistive touch是苹果内置的为用户提供快捷操作的软件。

Assistive touch按钮的特点

- 这个功能打开后，在iPhone/iPod touch的界面上会浮现出一个小方块，点击它会弹出4个功能菜单。这个小方块可以随着不同程序的开启和关闭在屏幕四周的8个位置自由移动，避免"碍事"的情况，也可以手动调节。

实战：制作Assistive touch按钮

- » 尺寸规格　　418像素×370像素
- » 使用工具　　形状工具、钢笔工具、文本工具
- » 实例位置　　无
- » 素材位置　　素材文件>CH04>制作Assistive touch按钮.jpg
- » 视频位置　　视频文件>CH04>制作Assistive touch按钮.mp4

◎ 设计思路

绘制Assistive touch按钮的重点在于毛玻璃的制作，绘制图像时要活用智能图像功能，调整合适的高斯模糊值，为图像添加迷糊效果。

01 新建空白文档，然后拖曳"背景"文件到页面中，使用"圆角矩形工具"▢绘制图形，设置"填充"为（R:85，G:85，B:85）。

02 复制一层"背景"图层，然后单击鼠标右键将图层转化为"智能对象"，执行"滤镜>模糊>高斯模糊"菜单命令，设置合适的数值。

03 单击圆角矩形的缩略图，选中模糊图层，再单击图层下方的"添加图层蒙版" ⬛ 按钮。

04 选中模糊图层，设置图层的"混合模式"为"叠加"。

05 使用"圆角矩形工具" ⬛ 绘制图形，设置颜色为白色。

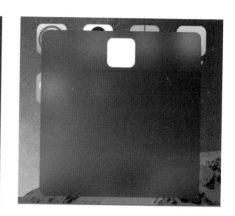

06 选择"椭圆形工具" ⬛ ，在选项栏中设置"路径操作"为"减去顶层形状"，然后在圆角矩形上方绘制圆形。

07 使用"圆角矩形工具" ⬛ 绘制图形，然后设置"描边"颜色为（R:85，G:85，B:85）。

08 使用"自定形状工具" ⬛ 绘制星形，再使用"转换点工具" ⬛ 调整图形。

09 使用"圆角矩形工具" ⬛ 绘制图形，设置颜色为白色，再使用"钢笔工具" ⬛ 绘制图形。

10 使用"椭圆形工具" ◎绘制圆形，在选项栏中设置"路径操作"为"减去顶层形状"，然后在圆形上方绘制圆形。

11 使用"椭圆形工具" ◎绘制圆形，填充颜色为白色。

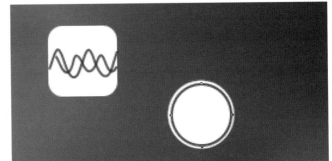

12 使用"圆角矩形工具" ◎绘制图形，在选项栏中设置"路径操作"为"减去顶层形状"，然后在图形上方绘制两个圆角矩形。

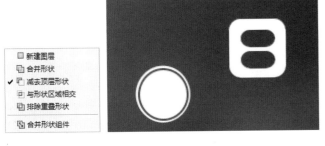

13 使用"圆角矩形工具" ◎绘制图形，在选项栏中设置"路径操作"为"减去顶层形状"，然后在图形上方绘制圆形。

14 使用"圆角矩形工具" ◎绘制图形，在选项栏中设置"路径操作"为"减去顶层形状"，然后在图形上方绘制矩形和圆形。

15 使用"横排文字工具" T输入与图标相对应的文本，然后选择合适的字体和大小，至此，本实例制作完成。

🔔 提示

iPhone的Assistive Touch功能可以自定义，所以图标内容也会有所不同。

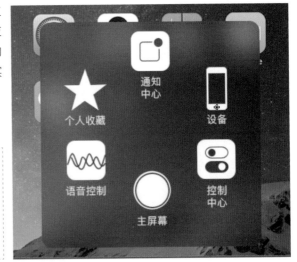

4.2.2 3D Touch

3D Touch是一种立体触控技术，被苹果称为新一代多点触控技术，是在Apple Watch上采用的Force Touch，屏幕可感应不同的感压力度触控。3D Touch是苹果系统的新功能，类似于计算机的右键。

3D Touch的特点

- 开启该功能，用力按压界面图标会弹出一层半透明菜单，菜单包含该应用下的一些快捷操作。
- 可以在待机画面中单击3D Touch快速进入软件操作。

实战：制作3D Touch

- » 尺寸规格　　750像素×75像素
- » 使用工具　　形状工具、钢笔工具、文本工具
- » 实例位置　　实例文件>CH04>制作3D Touch.psd
- » 素材位置　　素材文件>CH04>制作3D Touch.png
- » 视频位置　　视频文件>CH04>制作3D Touch.mp4

◎ 设计思路

本实例制作的是3D Touch按钮，长按按钮会出现由图标和文本构成的菜单，菜单内容根据所点击的APP变化。

---

01 执行"文件>新建"菜单命令，新建一个空白文档，设置"前景色"为（R:166，G:166，B:166），按快捷键Alt+Delete填充背景，再导入图标文件。

02 使用"圆角矩形工具" ▣ 绘制图形，设置"半径"为70、"填充"为（R:228，G:228，B:228）。

03 使用"直线工具" ☑ 绘制3条分隔线，然后设置"填充"为黑色，再设置图层的"不透明度"为10%。

04 使用"圆角矩形工具"■绘制图形，分别设置圆角矩形的半径，然后设置"填充"为（R:67，G:67，B:67），再使用"钢笔工具"☑完善图形。

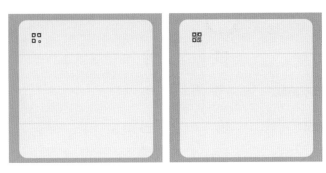

05 单击"椭圆形工具"●，按住Shift键绘制圆形，设置"轮廓宽度"为2，再使用"钢笔工具"☑完善图形，设置"描边选项"中的"端点"为"圆角"。

06 使用"矩形工具"■绘制图形，再使用"钢笔工具"☑完善图形。

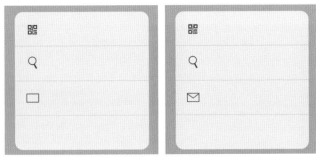

08 使用"横排文字工具"T输入与图标相对应的文本，然后选择合适的字体和大小，至此，本实例制作完成。

07 使用"钢笔工具"☑绘制图形的外轮廓，再绘制多条线段，完成图标。

4.2.3 iOS 9上拉菜单

在手机界面内向上滑动，可以拉出菜单。

上拉菜单的特点

- 在界面内能快速选择命令进行操作。
- 可以自定义快捷命令。

实战：制作iOS 9上拉菜单

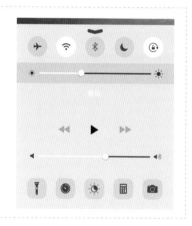

» 尺寸规格	750像素×886像素
» 使用工具	形状工具、文本工具
» 实例位置	实例文件>CH04> 制作iOS 9上拉菜单.psd
» 素材位置	无
» 视频位置	视频文件>CH04> 制作iOS 9上拉菜单.mp4

◎ 设计思路

本实例绘制的是iOS系统中的上拉菜单，这个实例是为了巩固所学的控件内容，所以介绍图标绘制的内容不多。

---

01 导入背景素材，使用"矩形工具" 绘制图形，填充颜色为（R:220，G:222，B:228）。

02 使用"椭圆工具" ，按住Shift键绘制5个圆形，然后分别设置颜色为（R:199，G:202，B:211）和白色。

03 使用矢量工具绘制5个圆内的图标，可以将系统图标进行临摹。

04 使用"矩形工具" 绘制图形，填充颜色为（R:195，G:199，B:206）。

05 将制作好的滚动条素材导入画面中，也可以重新绘制一次加深印象。

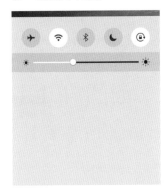

06 选择"多边形工具" ⬡，在选项栏中设置"边数"为3，绘制多个三角形，然后分别设置颜色为黑色和（R:155, G:157, B:161）。

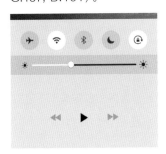

07 使用"钢笔工具" ✐绘制线段，设置"描边"颜色为（R:56, G:58, B:64），"描边宽度"为15，再设置"描边选项"的"端点"为"圆角"。

08 使用"横排文字工具" Ⓣ输入音乐文本，设置文本颜色为白色。

09 复制一份滚动条，然后将其水平向下移动到合适的位置。

10 选择"多边形工具" ⬡，在选项栏中设置"边数"为3，绘制三角形，然后设置"填充"为黑色，再使用"矩形工具" ▭绘制矩形。

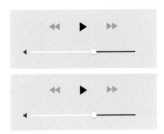

11 使用"椭圆工具" ◯绘制多个圆形，设置"描边宽度"为1.5、填充为无，再为图像添加图层蒙版效果，并在蒙版中擦除不需要的地方。

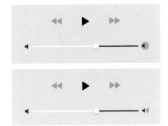

12 使用"圆角矩形工具" ▢绘制多个圆角矩形，然后设置"填充"为（R:199, G:202, B:209）。

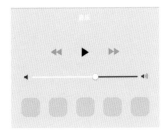

13 使用矢量工具绘制5个圆内的图标，可以将系统图标进行临摹。

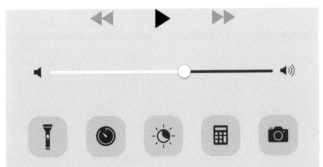

14 至此，本实例绘制完成。

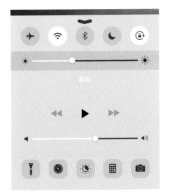

🔔 提示

　　虽然现在iPhone系统已经更新为10的圆角样式，但是矩形尺寸的菜单也是一种经典样式，并且现在还有很多用户在使用，所以这里我们将其当作实战进行操作练习。

第5章

不同平台的控件设计

人们常说：细节决定成败。只有深入了解各个平台的控件知识，精细地绘制出界面，才能打动用户，使界面更受欢迎。本章会对UI中的各个元素和控件进行整体介绍，对这些基本控件的名称、位置和作用加以了解，才能在打造界面的过程中做出合理的设计决策。

* iOS系统的发展及标准　　　　　* iOS系统的控件特点

* iOS控件界面设计　　　　　　　* Android系统的界面元素

* Android系统的控件特点　　　　* Android控件界面设计

5.1 iOS系统的发展及标准

通过对前面几章内容的学习，读者对iOS系统整体有了一个初步的了解，本节将为读者介绍iOS系统界面的相关知识。

5.1.1 iOS系统的发展

自从2013年6月iOS 7发布以来，这款令人惊艳的系统就一直处于舆论的焦点。有人对它青睐有加，认为这种极其简洁的设计风格更加实用，也有人对此产生诟病，认为系统没有美感，不过随着系统的发展，iOS系统渐渐发生了很多变化。

■ 扁平化

最早的iOS 6系统界面是以模仿质感极佳的材质，如木质、金属、纸质等，在按钮和控件等元素中添加了高亮、发光、阴影等效果。而现在的系统则强调避免仿真和拟物化的视觉指引形式，丢弃了一切不必要的元素和烦琐的装饰。

最初的iOS 6系统界面图标　　　　　　　　iOS 10系统界面图标

> 🔔 **提示**
>
> iOS系统的分化是在iOS 7系统后开始的，此后升级的系统界面风格和形式变化不大，此处介绍的与iOS 6对比的系统均以iOS 10系统作为参考。

■ 边框与背景

iOS 6以不同形状的按钮、图标和其他元素组成边框，页面背景添加了一些简单、精美的图片。iOS 10则完全丢弃了边框，只保留最简单的文字和图形，背景全部采用纯白色和蓝色，主要依靠色块来体现交互和信息的分隔。

▪ 半透明化

　　iOS 6系统除了状态栏可以以透明或半透明显示之外，其他UI元素和控件均不采用透明显示。而iOS 10的状态栏能够根据情况以完全透明或半透明的形式呈现，导航栏、标签栏和工具栏也采用了半透明化的处理方式。此外，还可以透过界面中拉出的快捷菜单和通知栏的半透明背景看到下方的界面。

iOS 10系统控件的半透明

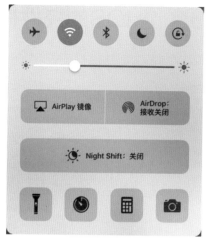

iOS 10系统的快捷菜单

▪ 留白

　　iOS 6的界面元素中有很多装饰性的效果，如边框、线条和纹理等，每个元素都刻画细致，拟物化逼真，所以，整体效果显得充实精美。iOS 10的界面去除了一切非必要的装饰效果，对配色和图形进行大幅度简化，并在界面中保留了大量的留白，以确保界面的可读性和易用性。

▪ 主屏幕

　　主屏幕最明显的就是图标的风格变化，系统图标的尺寸变得更大，颜色则更加明亮和鲜艳，图标的字体也随之变大。

iOS 6系统的设置界面　　　　iOS 10系统的设置界面

iOS 6系统的主屏幕

iOS 10系统的主屏幕

5.1.2 iOS的控件构成和尺寸

iOS系统对于控件的尺寸要求非常严格，所以精准的尺寸参数是非常重要的。

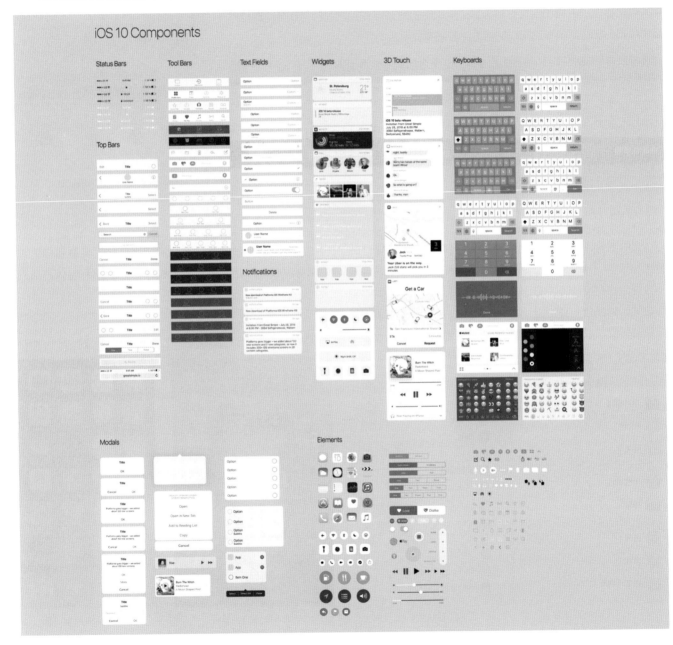

iOS 10系统的控件构成

设备	分辨率	PPI	状态栏高度	导航栏高度	标签栏高度
iPhone 6 Plus 设计版	1242 × 2208 px	401PPI	60px	132px	146px
iPhone 6 Plus 放大版	1125 × 2001 px	401PPI	54px	132px	146px
iPhone 6 Plus 物理版	1080 × 1920 px	401PPI	40px	132px	146px
iPhone 6	750 × 1334 px	326PPI	40px	88px	98px
iPhone 5-5C-5S	640 × 1136 px	326PPI	40px	88px	98px
iPhone 4-4S	640 × 960 px	326PPI	40px	88px	98px
iPhone & iPod Touch第一代 / 第二代 / 第三代	320 × 480px	163PPI	20px	44px	49px

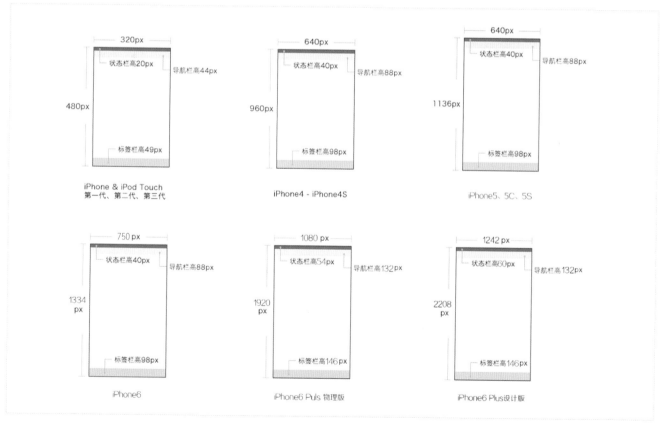

iPhone手机的各种版本尺寸

5.2 iOS系统的控件特点

5.2.1 界面美观

界面的美观指的是程序的外观与其功能是否符合，并不单纯地指一个程序的颜值好不好看。例如，一个用来记录信息的程序（备忘录），总是会把界面中的装饰性元素处理得尽可能简洁、干净，并通过控件和按钮来完成任务。

5.2.2 一致性

保持界面的一致性可以使用户继续使用之前已掌握的知识和技能。而要使一个程序遵从一致性原则，可以遵从以下两个方面。

第一方面，绘制界面与iOS标准的一致性，界面内控件、外观和图标是否绘制正确，与程序是否结合在一起。

第二方面，文案与界面术语和样式的一致性，同一种图标是否始终代表一种含义，用户能否在不同界面进行同一种操作。

iOS系统备忘录

5.2.3 控制

当用户不通过各种控件而直接控制屏幕上的物体时，用户就会更深地被正在执行的任务所吸引，同时，也能更清楚地理解正在执行的任务行为的结果。

iOS系统能使用户很享受在多点接触屏上直接控制的感觉。手势操作能使用户对屏幕上的物体产生更强的操控感，因为用户可以不用鼠标等设备直接控制物体。

5.2.4 反馈

反馈可告诉用户正在执行的任务行为的结果，用于确定程序是否在运行。用户操纵控件时常常期待即刻反馈，也期待在较长的流程中能提供状态提示。

iOS的内置程序会为用户的每一个动作提供可觉察的反馈，例如，在用户点击列表项时，该项目的按钮会呈高亮显示。

流畅的动态效果会给用户提供有意义的反馈，帮助用户了解动作的结果，例如，向列表添加新项目时，列表会向下滚动，帮助用户发现这个显著的变化。

5.2.5 设计元素

iOS系统的元素和颜色是固定不变的，但是在设计APP时可以根据APP自身所要表达的主题来进行绘制。

系统音乐界面元素

其他音乐APP界面元素

系统播放界面元素

其他音乐APP播放界面元素

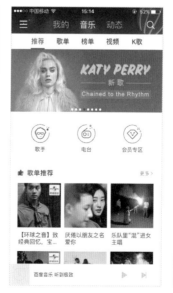

其他音乐APP界面元素

5.3 iOS控件界面设计

　　前面为读者介绍了一些与iOS界面设计相关的规则和知识，通过对这些知识点的学习，读者就能对设计一款标准的手机系统界面的规则和技巧有所掌握，下面我们来进行实践操作。

实战： 制作通知界面

» 尺寸规格　　　750像素×40像素
» 使用工具　　　形状工具、钢笔工具、文本工具
» 实例位置　　　实例文件>CH05>制作通知界面.psd
» 素材位置　　　素材文件>CH05>制作通知界面
» 视频位置　　　视频文件>CH05>制作通知界面.mp4

◎ 设计思路

本实例制作的是通知界面，界面的制作方法非常简单，使用形状工具就可以绘制图形，唯一的难点是圆角矩形半径的把握，绘制时一定要遵守控件的尺寸要求。

---

01 新建空白文档，导入"背景"文件，执行"滤镜>模糊>高斯模糊"菜单命令，设置模糊参数。

02 导入"状态栏"文件，然后将其拖曳到页面的上方。

03 使用"圆角矩形工具" ▢ 绘制图形，设置颜色为白色，再设置图层的"不透明度"为20%。

04 使用"椭圆形工具" ◎ 和"钢笔工具" ◢ 绘制图形，设置"描边"为白色，图层的"不透明度"为80%。

05 使用"圆角矩形工具" ◙ 绘制图形，再减去多余的图形部分。

06 使用"钢笔工具" ◢ 完善图形。

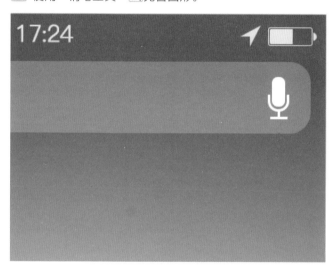

07 使用文本工具输入文本，设置合适的字体和颜色，再设置图层的"不透明度"为30%。

08 使用"椭圆形工具" ◉ 绘制圆形，然后设置不透明度为30%。

09 使用"钢笔工具" ◢ 绘制线段，然后在选项栏中设置"描边选项"的"端点"为"圆角"、颜色为黑色，再旋转90°。

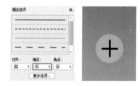

10 使用"圆角矩形工具"  绘制图形，然后设置左上角和右上角的圆角为30、左下角和右下角为0，设置颜色为白色，图层的"不透明度"为80%。

11 使用"圆角矩形工具"  绘制图形，然后设置"不透明度"为55%。

12 导入"素材"文件，然后将其拖曳到合适的位置，再使用文本工具输入文本，设置合适的字体和颜色。

13 使用同样的方法绘制其他图形。

14 使用"钢笔工具" ✐ 绘制线段，再使用"椭圆形工具" ◉ 绘制圆形，至此，本实例绘制完成。

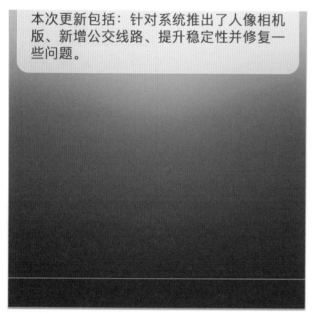

实战：制作iOS 10上拉界面

» 尺寸规格　750像素×1332像素
» 使用工具　形状工具、钢笔工具、文本工具
» 实例位置　实例文件>CH05>制作iOS 10上拉界面.psd
» 素材位置　素材文件>CH05>制作iOS 10上拉界面.jpg
» 视频位置　视频文件>CH05>制作iOS 10上拉界面.mp4

◎ 设计思路

本实例制作的是iOS10的上拉界面。iOS10相比于iOS其他版本的系统有了一些变化。上拉
界面的外形由之前的矩形变为圆角矩形，按钮的高亮部分也不再使用简单的黑白灰来呈
现，而是使用了彩色系，这点是制作本实例时需要注意的地方。

01 导入"背景"文件，再导入"状态栏"文件，然后将其拖曳到页面上方。

02 使用文本工具输入文本，然后设置合适的字体和大小。

03 新建一层空白图层，填充颜色为黑色，设置图层的"不透明度"为50%。

04 使用"圆角矩形工具"绘制图形，设置"填充"为（R:216, G:217, B:212）。

05 使用"椭圆形工具"绘制圆形，填充颜色为（R:173, G:169, B:168），使用"钢笔工具"绘制图形，填充颜色为黑色。

06 使用"椭圆形工具" ◎ 绘制圆形，填充颜色为（R:15，G:12，B:7），使用"椭圆形工具" ◎ 绘制图形，填充颜色为白色，再减去多余的图形。

07 使用"椭圆形工具" ◎ 绘制圆形，填充颜色为（R:173，G:169，B:168），使用"钢笔工具" ✐ 绘制图形，填充"描边"颜色为黑色。

08 使用"椭圆形工具" ◎ 绘制圆形，填充颜色为（R:173，G:169，B:168），使用"椭圆形工具" ◎ 绘制圆形，再减去图形，填充颜色为黑色。

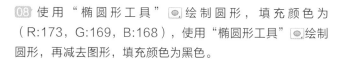

09 使用"椭圆形工具" ◎ 绘制圆形，填充颜色为（R:254，G:78，B:46），使用"钢笔工具" ✐ 绘制图形，填充"描边"颜色为白色。

10 使用"椭圆形工具" ◎ 和"钢笔工具" ✐ 绘制图形。

11 使用"圆角矩形工具" ◎ 绘制图形，分别设置颜色为白色和黑色。

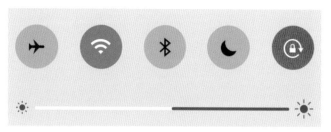

12 使用"椭圆形工具"  绘制圆形，然后执行"图层>图层样式>描边"菜单命令，设置颜色为（R:184，G:183，B:183），再设置各项参数。

13 选择"投影"样式，然后设置各项参数。

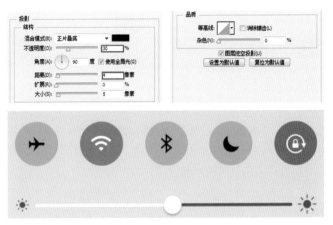

14 使用"圆角矩形工具" 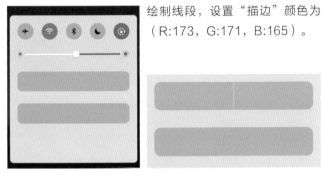 绘制两个图形，然后设置颜色为（R:173，G:169，B:168），再使用"钢笔工具"绘制线段，设置"描边"颜色为（R:173，G:171，B:165）。

15 使用"矩形工具" 绘制图形，然后设置颜色为黑色，再使用"钢笔工具"绘制图形，设置"填充"为黑色、"描边"颜色为（R:173，G:169，B:168）。

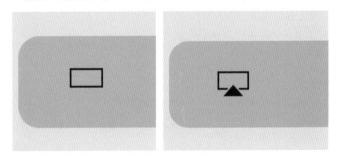

16 使用"椭圆形工具" 绘制多个圆形，再减去部分图形。

17 使用"椭圆形工具"和"钢笔工具"绘制图形，再减去部分图形。

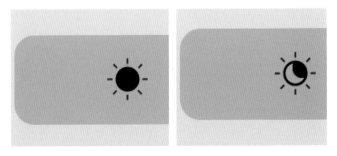

18 使用文本工具输入文本，然后设置合适的字体和大小。

19 再绘制快捷按钮。

20 使用"椭圆形工具" ◎ 绘制圆形，然后设置圆形的"不透明度"为50%。

🔔 **提示**

系统的图标可以进行临摹绘制。

21 至此，本实例绘制完成。

实战：制作音乐上拉界面

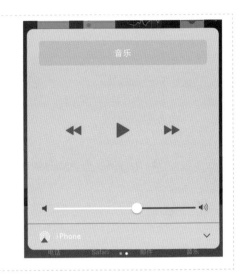

- » 尺寸规格　　750像素×871像素
- » 使用工具　　形状工具、钢笔工具、文本工具
- » 实例位置　　实例文件>CH05>制作音乐上拉界面.psd
- » 素材位置　　素材文件>CH05>制作音乐上拉界面.jpg
- » 视频位置　　视频文件>CH05>制作音乐上拉界面.mp4

◎ 设计思路

本实例绘制的是上拉菜单，上拉菜单的制作并不烦琐，用形状工具就可以绘制出来。

---

01 打开"背景"素材。

02 新建图层，填充颜色为黑色，设置"不透明度"为50%。

03 使用"圆角矩形工具" ▣ 绘制图形，然后设置"填充"为（R:209，G:205，B:194）。

04 使用"圆角矩形工具" ▣ 绘制图形，然后设置"填充"为（R:191，G:182，B:175）。

05 使用"横排文字工具"⊤输入文本，设置文本颜色为白色，再选择合适的字体和大小。

06 选择"自定形状工具"，在选项栏中设置"填充"为（R:88，G:74，B:65）、"形状"为标志 3，然后绘制图形后按快捷键Ctrl+T进行翻转。

07 选中图形，将图形复制缩小2份，拖曳到合适的位置。

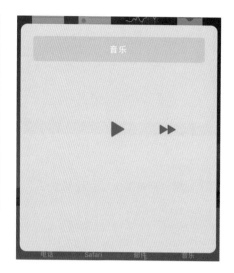

08 选中图形，复制一份，按快捷键Ctrl+T进入自由变换模式，单击鼠标右键，在下拉菜单中选择"水平翻转"选项，再将其水平拖曳到左边。

09 使用"钢笔工具"绘制线段，设置"描边"颜色为白色、"描边宽度"为6、"描边类型"的"端点"为"圆角"。

10 复制一份线段，然后对其进行缩放，设置"描边"为深灰色。

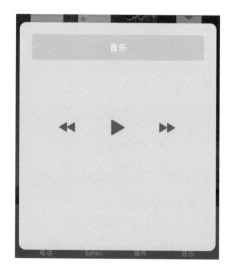

11 使用"椭圆工具" 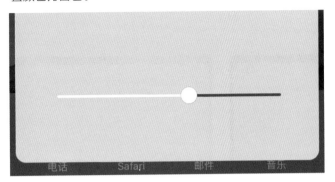，按住Shift键绘制圆形，然后设置颜色为白色。

12 选中圆形图层，执行"图层>图层样式>投影"菜单命令，设置参数。

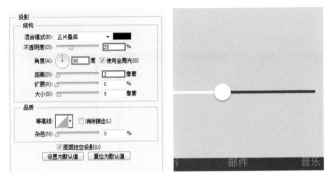

13 使用"钢笔工具" 绘制图形，设置颜色为灰色。

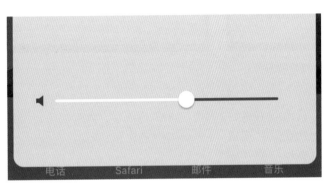

14 选择图形，将图形复制一份，水平拖曳到右边，再使用"钢笔工具" 绘制图形。

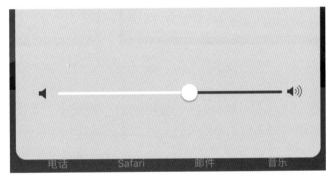

15 使用"钢笔工具" 绘制线段，设置"描边"颜色为（R:114，G:118，B:125）、"描边宽度"为2。

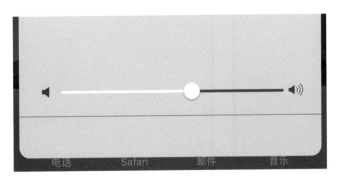

16 使用"椭圆工具" 绘制3个圆形，设置"描边"为白色、"描边宽度"为2，然后选中3个圆形图层，单击鼠标右键在下拉菜单中选中"拼合形状"选项。

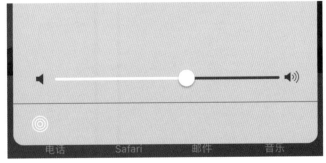

17 选择"钢笔工具" ✍，在选项栏中设置"路径操作"为"减去顶层形状"，再绘制三角形。

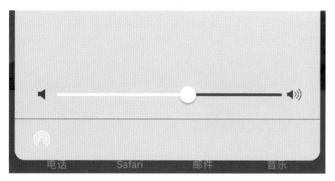

18 使用"多边形工具" ◎绘制三角形，设置"填充"为（R:88，G:74，B:65）。

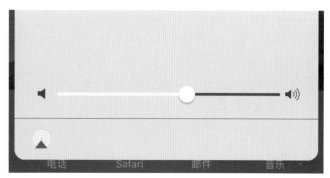

19 使用"横排文字工具" T输入文本，设置文本颜色为（R:255，G:247，B:237），再选择合适的字体和大小。

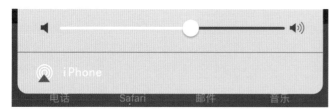

20 使用"钢笔工具" ✍绘制线段，设置"端点"为"圆角"。

21 使用"椭圆工具" ◎绘制两个圆形，设置颜色为白色，再选中其中一个圆形，设置图层的"不透明度"为5%。

22 至此，本实例绘制完成。

5.4 Android系统的界面元素

上一节向读者介绍了iOS系统应用的设计，本节将主要介绍Android系统应用及元素的设计风格。

随着Android平台的发展，其应用界面也逐渐形成了一套统一的规定。在设计一套界面时，要从交互和视觉两方面来考虑设计平台的问题，使界面在满足易用性的同时又不缺乏创新。设计APP时除了要有美观的UI之外，合理的操作和行为模式也是其必备的因素。

Android系统的界面元素包括状态栏、导航栏、按钮、图标等，不同版本系统的界面元素有较大的区别。

5.5 Android系统的控件特点

为了使用户感兴趣，Android用户体验设计团队设定了以下原则并把它当成了自己的创意和设计思路。

5.5.1 设计原则

⊙ 个性化

用户一般喜欢个性化的设计，因为个性化的设计能使人感到亲切，也能满足用户的控制欲，所以应提供实用、漂亮、有趣、可定义且不妨碍主要任务的默认设置。

⊙ 表达简洁

应尽量使用简短的句子，过长的语句会使用户失去耐心。

⊙ 图片比文字更容易理解

用图片表达文字要解释的想法和内容，更容易获得用户的注意。

⊙ 选择

Android系统的横滑移除内容的交互手势操作，在部分模块中支持通过向左或向右横滑移除内容，如"最近任务"和"消息通知"界面。

5.5.2 风格

主题样式是Android为了保持APP操作行为视觉风格一致而创造的。风格决定了组成用户界面元素的视觉属性，如颜色、高度、空白及字体大小等，这些应达到很好的统一。

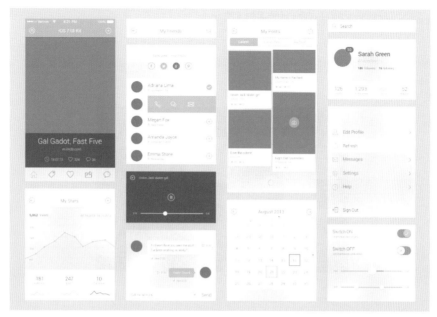

浅色主题

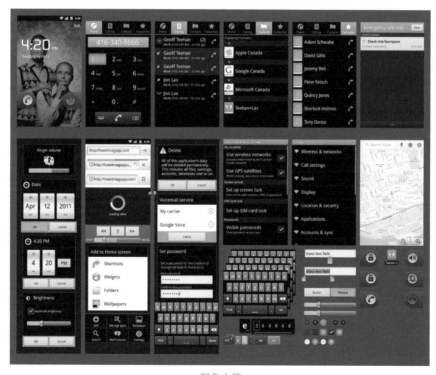

深色主题

5.5.3 Android的控件构成和尺寸

下图所示的是Android系统的控件构成，以及常见Android手机分辨率和尺寸。

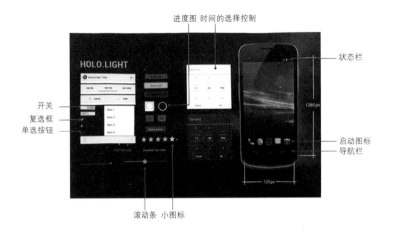

设备	分辨率	尺寸		设备	分辨率	尺寸
魅族MX2	4.4英寸	800×1280 px		魅族MX3	5.1英寸	1080×1280 px
魅族MX4	5.36英寸	1152×1920 px		魅族MX4 Pro未上市	5.5英寸	1536×2560 px
三星GALAXY Note 4	5.7英寸	1440×2560 px		三星GALAXY Note 3	5.7英寸	1080×1920 px
三星GALAXY S5	5.1英寸	1080×1920 px		三星GALAXY Note II	5.5英寸	720×1280 px
索尼Xperia Z3	5.2英寸	1080×1920 px		索尼XL39h	6.44英寸	1080×1920 px
HTC Desire 820	5.5英寸	720×1280 px		HTC One M8	4.7英寸	1000×1920 px
OPPO Find 7	5.5英寸	1440×2560 px		OPPO N1	5.9英寸	1080×1920 px
OPPO R3	5英寸	720×1280 px		OPPO N1 Mini	5英寸	720×1280 px
小米M4	5英寸	1080×1920 px		小米红米Note	5.5英寸	720×1280 px
小米M3	5英寸	1080×1920 px		小米红米1S	4.7英寸	720×1280 px
小米M3S未上市	5英寸	1080×1920 px		小米M2S	4.3英寸	720×1280 px
华为荣耀6	5英寸	1080×1920 px		锤子T1	4.95英寸	1080×1920 px
LG G3	5.5英寸	1440×2560 px		OnePlus One	5.5英寸	1080×1920 px

5.6 Android控件界面设计

前面为读者介绍了一些与Android系统界面设计相关的规则和知识，通过对这些知识点的学习，读者对设计一款标准的手机系统界面的规则和技巧应该有所掌握。下面我们来进行实践操作。

实战：制作闹钟设置界面

» 尺寸规格　　720像素×1280像素
» 使用工具　　形状工具、钢笔工具、文本工具
» 实例位置　　实例文件>CH05>制作闹钟设置界面.psd
» 素材位置　　无
» 视频位置　　视频文件>CH05>制作闹钟设置界面.mp4

◎ 设计思路

本实例制作的是Android系统的闹钟界面，界面采用了扁平化设计，但是在闹钟图标上又添加了渐变效果，呈现出立体感，使界面更有层次。

---

01 新建空白文档，使用"矩形工具" ▣ 绘制状态栏，填充颜色为（R:5，G:127，B:132）。

02 使用"椭圆形工具" ◉ 绘制多个圆形，再减去部分图形。

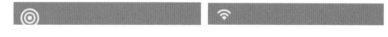

03 使用"矩形工具" ▣ 绘制图形，填充颜色为白色，设置不透明度为50%。

04 使用"矩形工具" ▣ 绘制图形，填充颜色为白色，设置不透明度为80%。

05 使用文本工具输入文本，然后选择合适的字体和大小。

06 使用"矩形工具" ▣ 绘制状态栏，填充颜色为（R:5，G:158，B:163）。

07 使用"椭圆形工具" 绘制图形，设置"描边"颜色为（R:222，G:209，B:0）。

08 使用"钢笔工具" 绘制线段，设置"描边选项"的"端点"为"圆角"。

09 使用"椭圆形工具" 绘制图形，再减去部分图形。

10 使用同样的方法绘制图形，完善图形。

11 使用"椭圆形工具" 和"钢笔工具" 绘制其他图形，设置"描边"颜色为（R:199，G:119，B:119）。

12 使用文本工具输入文本，然后设置合适的字体和大小。

13 使用"圆角矩形工具" 绘制图形，设置"填充"为（R:160，G:160，B:160）、"描边"颜色为（R:240，G:240，B:240）。

14 向上复制两份图形，执行"图层>图层样式>投影"菜单命令，设置颜色为（R:112，G:112，B:112），再设置各项参数。

15 再向上复制一份图形，选择"渐变叠加"样式，设置渐变颜色依次为（R:235，G:235，B:235）（R:235，G:235，B:235）、白色和（R:235，G:235，B:235）。

16 使用文本工具输入文本，然后选择合适的字体和大小。

17 使用"钢笔工具"✏️绘制线段，设置"描边"颜色为（R:194，G:194，B:194）。

18 使用同样的方法再绘制图形。

19 使用"圆角矩形工具"◻️绘制图形，再使用"矩形工具"◻️减去部分图形，设置颜色为（R:5，G:158，B:163）。

20 使用"钢笔工具"✏️完善图形。

21 使用文本工具输入文本，然后设置合适的字体和大小。

22 使用"钢笔工具"  绘制线段，再使用文本工具输入文本。

23 使用"钢笔工具" 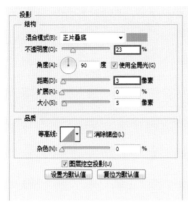 绘制线段，执行"图层>图层样式>投影"菜单命令，设置颜色为（R:155，G:155，B:155）。

24 使用"矩形工具"  绘制图形，设置颜色为（R:238，G:238，B:238）。

25 使用"矩形工具"  绘制图形，设置颜色为白色，然后执行"图层>图层样式>斜面和浮雕"菜单命令，再设置各项参数。

26 选择"投影"样式，设置各项参数。

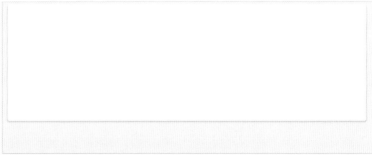

27 使用文本工具输入文本，然后选择合适的字体和大小。

28 使用"钢笔工具" 绘制线段，设置"描边"为黑色。

29 使用形状工具绘制图标。

🔔 **提示**

相同的图形，可以直接进行复制，或者修改文本内容。

30 至此，本实例绘制完成。

实战： 制作社交界面

» 尺寸规格　　580像素×1031像素
» 使用工具　　形状工具、钢笔工具、文本工具
» 实例位置　　实例文件>CH05>制作社交界面.psd
» 素材位置　　素材文件>CH05>制作社交界面
» 视频位置　　视频文件>CH05>制作社交界面.mp4

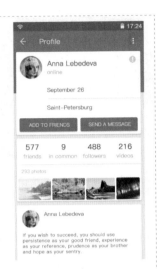

◎ 设计思路

本实例制作的是社交界面，界面中所包含的图形较为全面，能用到Photoshop中所有的形状工具。本实例的制作难点在于界面布局，使界面呈现简单易操作的效果。

---

01 新建空白文档，设置"前景色"为（R:62，G:79，B:139），按快捷键Alt+Delete填充颜色，再使用"矩形工具" ▣绘制图形，填充颜色为（R:234，G:230，B:228）。

02 导入"状态栏"文件，将其拖曳到页面上方。

03 使用"矩形工具" ▣绘制图形，填充颜色为（R:76，G:123，B:177）。

04 使用"钢笔工具" ▨绘制图形，再使用文本工具输入文本。

05 使用"椭圆形工具" ◉绘制3个圆形，设置颜色为灰色。

06 使用"圆角矩形工具" ▣ 绘制图形，填充颜色为白色。

07 执行"图层>图层样式>投影"菜单命令，设置各项参数。

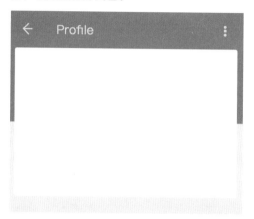
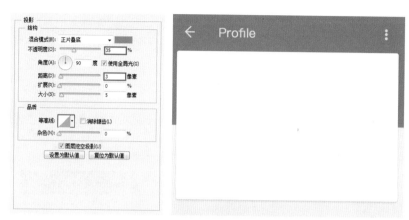

08 使用"椭圆形工具" ◉ 绘制圆形，然后导入"素材"文件，按快捷键Ctrl+Alt+G创建剪贴蒙版效果。

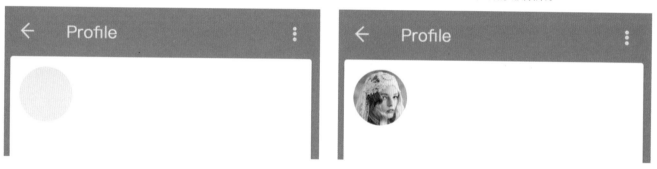

09 使用文本工具输入文本，然后选择合适的字体和大小。

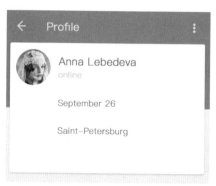

10 使用"椭圆形工具" ◉ 绘制圆形，再使用自定义工具减去图形。

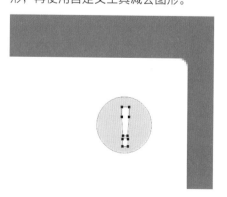

11 使用"钢笔工具" ✍ 绘制线段，设置颜色为灰色。

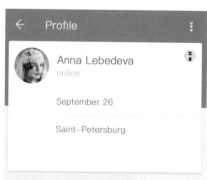

12 使用"圆角矩形工具"  绘制图形，设置颜色为（R:76，G:123，B:177），执行"图层>图层样式>投影"菜单命令，再设置各项参数。

13 使用文本工具输入文本，然后设置合适的大小和颜色。

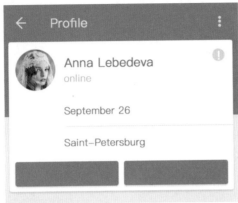
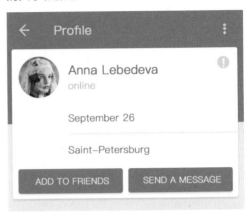

14 使用文本工具输入文本，然后设置合适的大小和颜色。

15 使用"钢笔工具" 绘制线段，设置颜色为灰色。

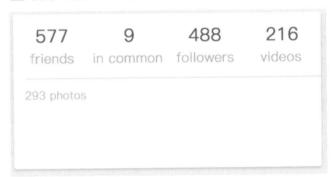

16 使用"圆角矩形工具" 绘制多个图形。

17 导入"素材"文件，分别按快捷键Ctrl+Alt+G创建剪贴蒙版效果。

18 用"椭圆形工具" 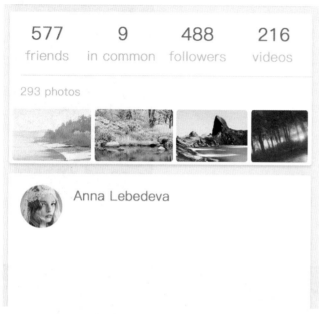 绘制圆形,导入"素材"文件,按快捷键Ctrl+Alt+G创建剪贴蒙版效果,再使用文本工具输入文本。

19 至此,本实例绘制完成。

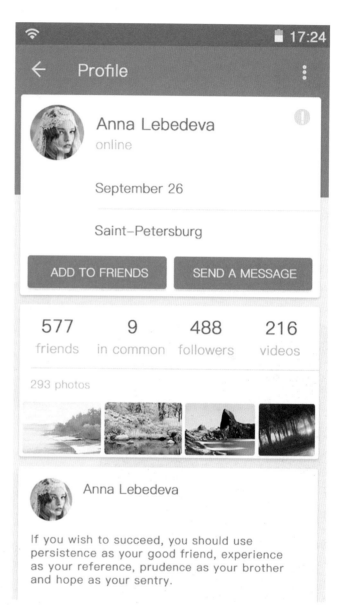

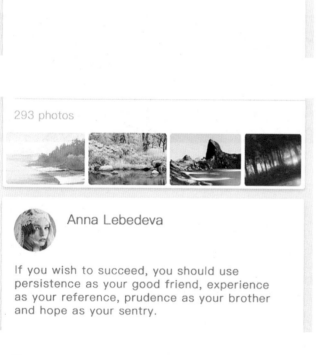

🔔 **提示**

实例制作完成时的效果是未展示全页的效果,做APP整体设计的时候还可以继续绘制下去。

实战：制作设置界面

- » 尺寸规格　　580像素×1031像素
- » 使用工具　　形状工具、钢笔工具、文本工具
- » 实例位置　　实例文件>CH05>制作设置界面.psd
- » 素材位置　　素材文件>CH05>制作设置界面.jpg
- » 视频位置　　视频文件>CH05>制作设置界面.mp4

◎ 设计思路

本实例制作的是设置界面，包含快捷键方式的按钮与通知栏消息内容，绘制方法比较简
单，但因为Android系统的样式与iOS系统不同，所以绘制图标时需要特别注意区分。

---

01 打开"背景"文件，新建空白图层，
填充颜色为黑色，设置图层的"不透明
度"为80%。

02 使用"横排文字工具"T输入文本，然后选择合适的字体和大小。

03 使用"钢笔工具"绘制图形。

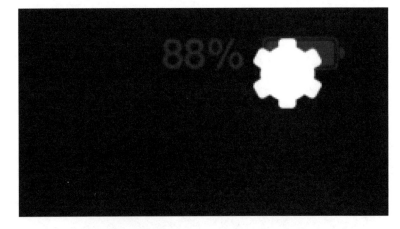

04 选择"椭圆工具" ⬭，在选项栏中设置"路径操作"为 "减去顶层形状"，再绘制圆形。

05 使用"椭圆工具" ⬭绘制圆形，设置"描边"颜色为 （R:238，G:238，B:238）、"描边宽度"为3，再使用 "圆角矩形工具" ⬭绘制图形。

06 选中图层，再添加图层蒙版，增加蒙版效果。

07 使用"钢笔工具" ✐绘制线段，设置"描边宽度"为 4、"端点"为圆角。

08 使用"椭圆工具" ⬭绘制圆形，设置"填充"为 （R:29，G:219，B:216）。

09 使用"椭圆工具" ⬭绘制图形，设置"描边宽度"为 3，再按快捷键Ctrl+G将图形编组。

10 选中组图层，单击图层下方的"添加图层蒙版"按钮 ，为组添加图层蒙版效果。

11 复制一个圆形，使用"钢笔工具" 绘制图形。

12 使用"钢笔工具" 绘制线段，设置"端点"为圆角。

13 复制一份圆环。

14 选择"自定形状工具" ，在选项栏中设置"形状"为箭头9，再绘制两个图形。

15 复制圆形，再使用"矩形工具" 绘制两个矩形。

16 选中矩形图层，单击图层下方的"添加图层蒙版"按钮 ⌐回⌐，为组添加图层蒙版效果。

17 使用"横排文字工具" Ⓣ 输入文本，然后选择合适的字体和大小。

18 使用"矩形工具" ⌐回⌐ 绘制矩形，设置颜色为（R:29，G:219，B:216），再使用"椭圆工具" ⌐回⌐ 绘制圆形，设置颜色为白色。

19 使用"椭圆工具" ⌐回⌐ 绘制圆形，设置"描边宽度"为2。

20 复制一份圆形，设置"填充"为白色、"描边"颜色为无，再选择"矩形工具" ⌐回⌐，在选项栏中设置"路径操作"为"减去顶层形状"，再绘制矩形。

21 使用"钢笔工具" ⌐⌐ 绘制线段，设置"端点"为"圆角"。

22 使用"椭圆工具"绘制两个圆形。

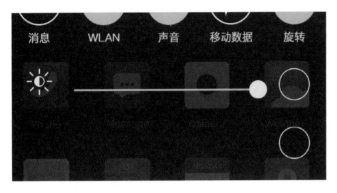

23 使用"钢笔工具"分别绘制3个图形，设置"填充"为白色。

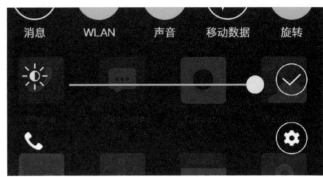

24 使用"横排文字工具"输入文本，然后选择合适的字体和大小。

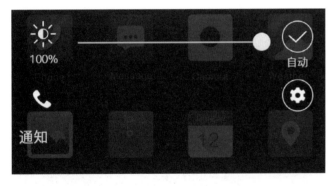

25 使用"矩形工具"绘制图形，设置"填充"颜色为（R:27，G:29，B:31）。

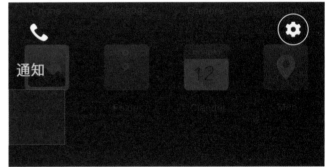

26 使用"钢笔工具"绘制图形，设置"填充"为白色。

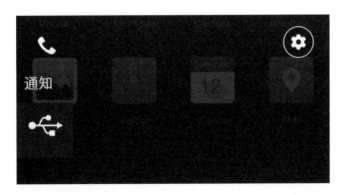

27 使用"横排文字工具"输入文本，然后选择合适的字体和大小。

28 使用"钢笔工具"绘制线段，设置"描边"颜色为（R:229，G:229，B:229）、"描边宽度"为4。

29 复制一份矩形和线段，然后水平向下移动。

30 使用"钢笔工具"绘制图形，设置"填充"为白色。

31 使用"钢笔工具"绘制线段，设置"描边"颜色为（R:229，G:229，B:229）、"描边宽度"为4，再设置图层的"不透明度"为20%。

32 使用"矩形工具"绘制图形，设置"填充"为渐变效果，"颜色"从（R:27，G:29，B:31）到黑色。

33 使用"钢笔工具"绘制图形，设置"描边"为白色、"描边宽度"为3。

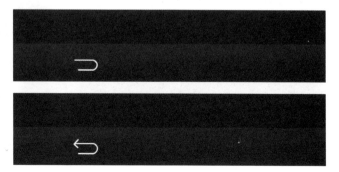

34 使用"钢笔工具"  绘制图形，设置"描边"为白色、"描边宽度"为3。

36 至此，本实例绘制完成。

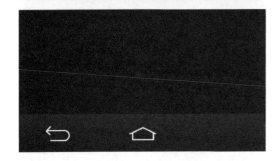

35 使用"钢笔工具"  绘制图形，设置"描边"为白色、"描边宽度"为3。

第6章

不同风格的UI设计

前面几章详细介绍了界面中的各种工具栏、控件和图标等不同元素的制作，将这些元素结合起来就能制作出一个完整的界面。本章介绍了多种风格的界面样式，包含风格的分析和界面元素的讲解，希望读者在绘制时能做到举一反三。另外，因为界面中包含大量质感精细的细节，所以在操作时读者会对Photoshop软件工具有更多的了解。

* 小清新风格手机界面   * 时尚风格手机界面

* 可爱风格手机界面   * 手绘风格手机界面

* 卡通风格手机界面   * 方格风格手机界面

* 扁平化风格手机界面   * 线性风格手机界面

6.1

小清新风格手机界面

◎ 尺寸规格 » 640像素×1136像素
◎ 使用工具 » 形状工具、钢笔工具、文字工具
◎ 实例位置 » 实例文件>CH06>小清新风格手机界面.psd
◎ 素材位置 » 素材文件>CH06>小清新风格手机界面
◎ 视频位置 » 视频文件>CH06>小清新风格手机界面.mp4

◎ 实例分析

本实例制作的是小清新风格的时间轴手机界面，界面特点细腻精致。用矩形将信息内容隔开，便于浏览，准确的时间轴拖动操控让手机的使用更简单和直观。

◎ 配色分析

深色系的表现方式给人以严谨的感受，消息提示采用鲜艳的颜色使其更加突出。

01 填充渐变色背景

新建一个空白文档，单击"渐变工具" ，设置"颜色"依次为（R:46，G:46，B:64）（R:101，G:92，B:106）（R:46，G:45，B:63）（R:51，G:50，B:67）（R:59，G:56，B:73），然后在页面中拖曳出渐变效果。

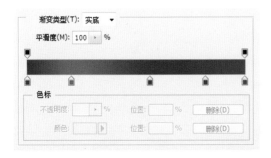

02 制作状态栏

导入"状态栏"，并将其拖曳到页面上端。

03 绘制导航栏

使用"矩形工具"▣绘制矩形，设置"填充"为（R:57，G:57，B:57）。

04 绘制图形

使用"矩形工具"▣绘制4个矩形，设置"填充"为（R:229，G:229，B:229），再使用"横排文字工具"Ⓣ输入文字，选择合适的字体和大小。

05 绘制图标圆环

使用"椭圆形工具"◯按住Shift键绘制圆形，设置"填充"为（R:57，G:57，B:57）、"描边"颜色为（R:229，G:229，B:229）、"描边宽度"为0.4。

06 绘制用户图标

使用"椭圆形工具"◯和"钢笔工具"✎绘制图标，然后将绘制好的图标拖曳到圆形上，再按快捷键Ctrl+Alt+G创建剪贴蒙版效果。

07 绘制展示栏，输入时间文本

使用"矩形工具"▣绘制矩形，设置"填充"为（R:229，G:229，B:229），再使用"横排文字工具"Ⓣ输入文字，选择合适的字体和大小。

选择"圆角矩形工具" 并单击画布，在弹出的面板中设置"左上半径"为5像素、"右上半径"为5像素。

导入"风景1"文件，将其拖曳到圆角矩形上，按快捷键Ctrl+Alt+G创建剪贴蒙版效果。

选择"圆角矩形工具" 并单击画布，在弹出的面板中设置"左下半径"为5像素、"右下半径"为5像，再使用"钢笔工具" 绘制图形。

执行"图层>图层样式>投影"菜单命令，设置其他参数。

12 添加素材，增加文本消息

使用同样的方式再绘制两个图形，并导入"风景"文件，使用"横排文字工具" T 输入文本。

13 复制图形

复制两份图形，将其拖曳到画布右侧，再将三角图形移动到图形左侧。

 提示

移动UI设计的目的是让用户理解程序的用途，并快速地操作程序。通过沟通让用户理解界面程序。

14 绘制分隔线

使用"矩形工具"
绘制图形，设置"填充"
为渐变效果，"颜色"从
（R:57，G:57，B:57）
到（R:103，G:93，
B:107）。

15 绘制消息提示

使用"椭圆形
工具"  绘制圆
形，设置"填充"为
红色，再使用文本工
具输入文本，至此，
本实例绘制完成。

6.2
时尚风格手机界面

◎ 尺寸规格 » 640像素×1136像素
◎ 使用工具 » 形状工具、钢笔工具、文字工具
◎ 实例位置 » 实例文件>CH06>时尚风格手机界面.psd
◎ 素材位置 » 素材文件>CH06>时尚风格手机界面.jpg
◎ 视频位置 » 视频文件>CH06>时尚风格手机界面.mp4

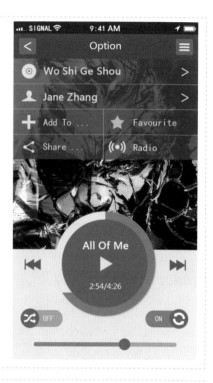

◎ 实例分析

本实例制作的是时尚风格的音乐界面。界面中的图标是通过形状工具和钢笔工具绘制出来的，即使没有添加过多的效果样式，也能展示出一种时尚感。

◎ 配色分析

配色方面画面呈现蓝色系色调，使界面呈现出较强的现代时尚感。

---

01 添加状态栏

新建一个空白文档，导入"状态栏"，将其拖曳到页面上部。

02 绘制导航栏

使用"矩形工具"▣绘制图形，设置"填充"为（R:57，G:57，B:57）。

03 绘制圆角矩形

使用"圆角矩形工具"▣绘制图形，设置"半径"为5、"填充"为（R:88，G:88，B:88）。

04 绘制图标形状

使用"钢笔工具"✐绘制图形，再使用"矩形工具"▣绘制3个矩形，设置"填充"为（R:229，G:229，B:229）。

使用"横排文字工具" 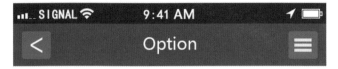 输入标题，选择合适的字体和大小，并设置"文本颜色"为（R:229，G:229，B:229）。

07 添加透明图层

使用"矩形工具" 绘制图形，设置"填充"为（R:57，G:57，B:57），再设置图层的"不透明度"为80%。

06 添加背景

导入"背景"文件，调整好图像大小，将其拖曳到合适的位置。

08 分隔图形

使用"切片工具" 对图形进行分隔，再使用"钢笔工具" 绘制分隔线，设置"描边"颜色为（R:160，G:160，B:160），图层"不透明度"为70%。

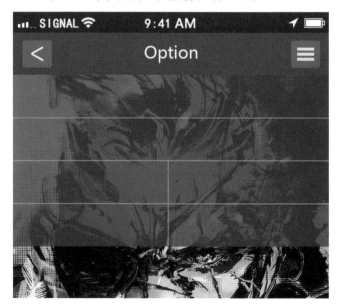

09 绘制唱片图标

使用"椭圆形工具" ◎ ，按住Shift键绘制圆形，设置"描边"颜色为（R:225，G:225，B:225）、"描边宽度"为3.4，再绘制圆形，设置"描边宽度"为1.4。

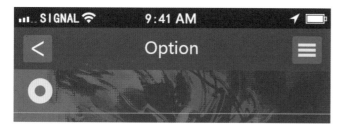 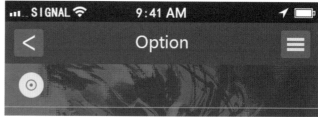

10 绘制人物图标

使用"椭圆形工具" ◎ 绘制图形，再使用"钢笔工具" ✐ 完善图形。

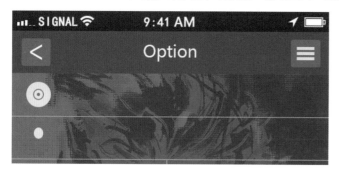 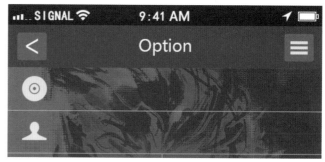

11 绘制收藏图标

使用"矩形工具" ▣ 绘制2个矩形，设置"填充"为（R:225，G:225，B:225）。

12 绘制分享图标

使用"椭圆形工具" ◎ 绘制圆形，再使用"钢笔工具" ✐ 完善图形。

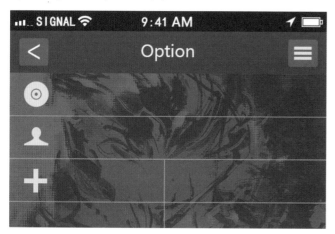 

13 绘制喜爱图标

选择"自定形状工具" ，在选项栏中选择"星形，设置"填充"为（R:221，G:194，B:65）。

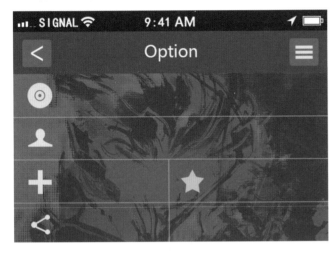

15 添加文字信息

使用"横排文字工具" 输入与图标相对应的文字，然后选择合适的字体和大小。

14 绘制电台图标

使用"椭圆形工具" 绘制两个圆环和圆形，再使用图层蒙版添加蒙版效果。

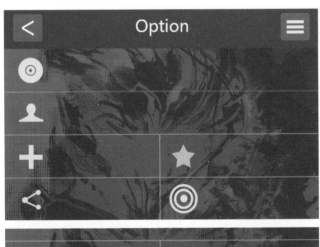

16 绘制音乐按钮

使用"矩形工具" 绘制图形，设置"填充"为（R:225，G:225，B:225），再使用"椭圆形工具" 绘制图形。

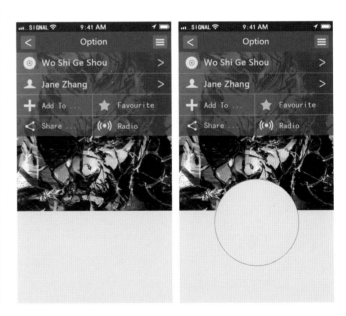

17 添加投影效果

执行"图层>图层样式>投影"菜单命令，设置各项参数。

18 绘制音乐按钮

使用"椭圆形工具" 绘制圆形，设置"填充"为（R:66, G:108, B:182）。

19 绘制按钮内部

等比例缩小复制一份圆形，设置"填充"为（R:84，G:84，B:84）。

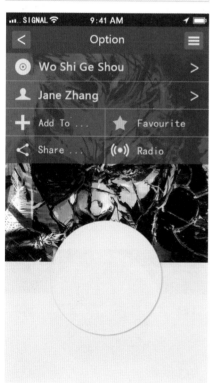

20 添加图层蒙版

选中蓝色圆形图层，为图层添加图层蒙版，再使用"矩形选框工具" 在蒙版中填充蒙版效果。

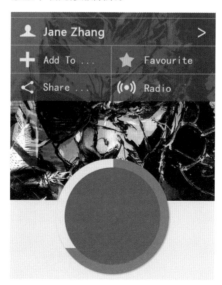

21 绘制播放图标

使用"自定形状工具" 绘制图形，设置"填充"为（R:84，G:84，B:84）。

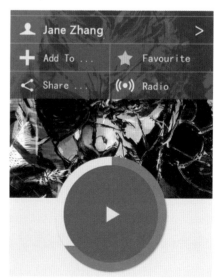

使用文本工具输入文字，然后选择合适的字体和大小。

使用"圆角矩形工具" 绘制图形，设置"填充"为（R:145，G:145，B:145），使用"椭圆形工具" 绘制圆形，"填充"为（R:84，G:84，B:84）。

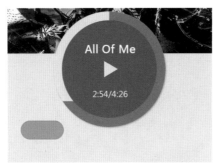

24 绘制随机图标

使用"钢笔工具" 绘制图标，颜色为白色，绘制时注意图标的位置，再使用文本工具输入文字。

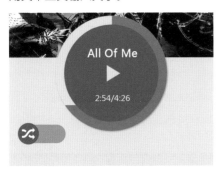

25 绘制切换开关

用同样的方法绘制图标，设置圆角矩形的颜色为（R:66，G:108，B:182）。

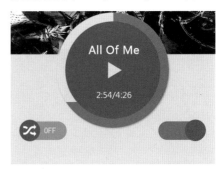

26 用钢笔工具绘制循环图标

使用"钢笔工具" 绘制图标，设置"填充"为白色。

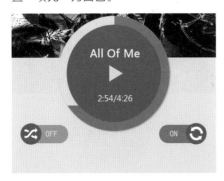

27 绘制换曲按钮

单击"自定形状工具" ，选择选项栏中的"形状"为"三角形"，设置"填充"为（R:76，G:76，B:76），然后将绘制好的图形复制一份并水平向右移动，再使用"矩形工具" 绘制图形。

28 复制换曲按钮，完成切换图标

使用"矩形工具" 绘制图形，再选中绘制好的按钮图层复制一份，按快捷键Ctrl+T进入自由变换模式进行水平翻转。

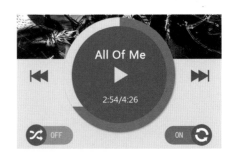

29 绘制音量滚动条

使用"圆角矩形工具" ▣ 绘制图形，设置"填充"为（R:145，G:145，B:145），再复制缩放一份圆角矩形，设置"填充"为（R:66，G:108，B:182）。

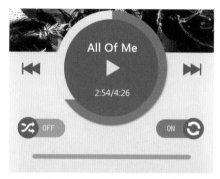

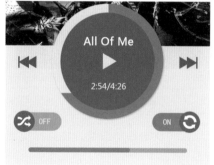

30 完善音量条，完成界面绘制

使用"椭圆形工具" ◯ 绘制圆形，设置"填充"为（R:76，G:76，B:76），至此，本实例绘制完成。

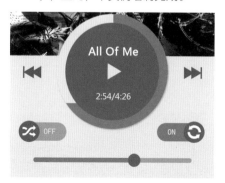

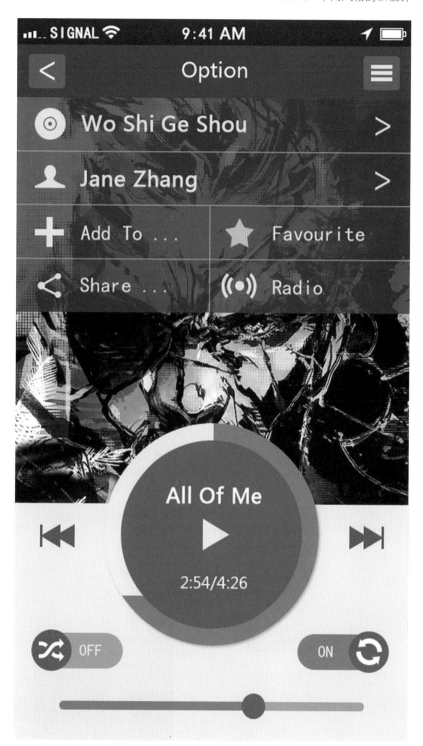

☀ 6.3

可爱风格手机界面

◇ 尺寸规格 » 640像素×1136像素
◎ 使用工具 » 渐变工具、文本工具
◎ 实例位置 » 实例文件>CH06>可爱风格手机界面.psd
◎ 素材位置 » 素材文件>CH06>可爱风格手机界面.jpg
◎ 视频位置 » 视频文件>CH06>可爱风格手机界面.mp4

◎ 实例分析

本实例绘制的是可爱风格的日历界面。界面中，利用背景素材的颜色来绘制可爱的主题效果，使用的工具也不多，制作方法简单。

◎ 配色分析

画面以素材颜色作为基调，以粉色和蓝色的对比使界面呈现舒服和谐的感觉。

01 制作界面背景

　　新建一个空白文档，执行"文件>打开"菜单命令，打开"背景图"素材文件，将其拖曳到画布上方。

02 填充背景颜色

　　设置"前景色"为（R:46，G:45，B:63），选中背景图层，按快捷键填充颜色。

03 导入状态栏

　　导入"状态栏"图像，将其拖曳到画布顶部。

04 添加月份文本

使用"横排文字工具" T.输入文本，然后选择合适的字体和大小。

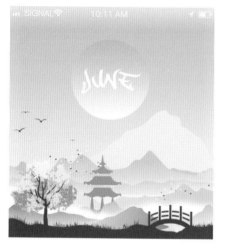

05 拖曳渐变颜色，增加文字的对比效果

单击"渐变工具" ，设置"颜色"从白色到（R:234，G:162，B:173），选择文本图层的缩略图，然后拖曳渐变颜色。

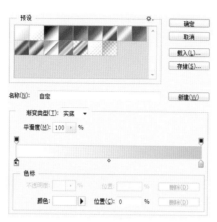

06 输入时间文本

使用"矩形工具" 绘制线段，使用"横排文字工具" T.输入文本，设置"颜色"为（R:207，G:219，B:223）和（R:226，G:119，B:149），再选择合适的字体和大小。

07 完善图标，完成界面

使用"椭圆形工具" 绘制圆形，设置"描边"颜色为（R:226，G:119，B:149）、"描边宽度"为0.4，再用矩形减去顶层的圆形，至此，本实例绘制完成。

6.4
手绘风格手机界面

◎ 尺寸规格 » 658像素 × 1170像素
◎ 使用工具 » 形状工具、钢笔工具
◎ 实例位置 » 实例文件>CH06>手绘风格手机界面.psd
◎ 素材位置 » 无
◎ 视频位置 » 视频文件>CH06>手绘风格手机界面.mp4

◎ 实例分析

本实例制作的是手绘风格手机界面，画面以甜甜圈为主题向四周发散，整体色调为棕色，使其具有安定、可靠和健康的感觉。制作中结合钢笔工具和多种形状工具会将手绘风格界面绘制得更加自然美观。

◎ 配色分析

画面整体为棕色的色调，搭配浅棕色，通过色彩的深浅对比使画面更有层次感。

---

01 制作磨砂背景

新建空白文档，设置"前景色"为（R:84，G:52，B:31），按快捷键Alt+Delete填充背景颜色，执行"滤镜>杂色>添加杂色"菜单命令，设置"数量"为3。

数量(A): 3　　　%

分布
◉ 平均分布(U)
○ 高斯分布(G)
☑ 单色(M)

02 导入状态栏

导入状态栏，然后将其拖曳倒页面的顶部。

03 绘制图形

使用"钢笔工具" ✐ 绘制图形，再使用"转换点工具" ⬀ 调整锚点的位置，再设置"填充"为（R:59，G:31，B:9）。

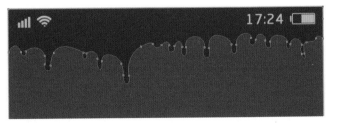

04 添加文字信息

使用"横排文字工具" ⊤ 分别输入文本，设置"文本颜色"为（R:254，G:203，B:137），再选择合适的字体和大小。

05 绘制充电条

使用"圆角矩形工具" ▣ 绘制图形，然后设置"填充"为（R:109，G:46，B:37）。

06 添加图层样式，加强图形立体感

执行"图层>图层样式>斜面与浮雕"菜单命令，设置各项参数。

07 添加投影效果

选择"投影"选项，设置面板中的各项参数。

08 绘制充电条纹

使用"矩形工具" ▣ 绘制矩形，然后设置"填充"为（R:109，G:46，B:37），再按快捷键Ctrl+Alt+Shift+T向右复制多份。

09 旋转充电条纹，完善图形

选中所有矩形图层，按快捷键Ctrl+T进入自由变化模式，将图形旋转20°，再按Ctrl+Alt+G创建剪贴蒙版效果。

10 添加文字信息

使用文本工具输入文字，设置"文本颜色"为（R:254，G:203，B:137），再选择合适的字体和大小。

11 绘制甜甜圈图形轮廓

使用"椭圆形工具" 绘制圆形，设置"填充"为（R:254，G:203，B:137）、"描边"颜色为（R:80，G:34，B:27）、"描边宽度"为10。

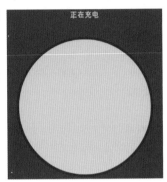

12 使用布尔原理绘制圆环

选择"椭圆形工具" ，在选项栏中设置"路径操作"为"减去顶层形状"，再绘制圆形。

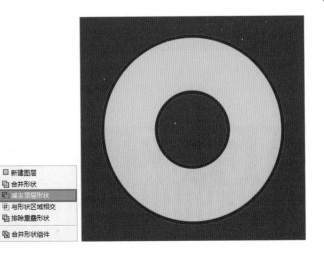

13 绘制圆形

使用"椭圆形工具" 绘制圆形，设置"填充"为（R:254，G:203，B:137）、"描边"颜色为（R:80，G:34，B:27）、"描边宽度"为6。

14 用钢笔工具绘制图形

使用"钢笔工具"✐绘制图形，填充颜色为（R:80，G:34，B:27），复制缩放图形，再设置颜色为（R:118，G:74，B:45）。

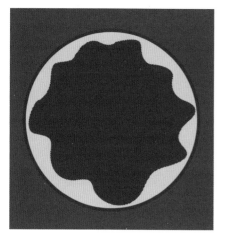
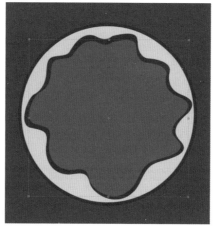

15 使用布尔减去圆形

分别选中绘制的两个图形，为其减去一个圆形。

16 绘制彩糖图形

使用"钢笔工具"✐绘制图形，设置"描边"颜色为（R:80，G:34，B:27）、"描边宽度"为6，设置"描边类型"的端点为"圆角"。

17 完善彩糖图形

使用"钢笔工具"✐绘制多个图形，分别填充颜色为（R:62，G:159，B:204）（R:243，G:221，B:14）和（R:61，G:177，B:40）。

 提示

绘制的线段的位置与颜色都可以随意一些，这样绘制出来的图像会显得更加好看。

使用"圆角矩形工具" 和"椭圆形工具" 绘制图形，设置颜色为（R:80，G:34，B:27）。

19 绘制相机图标

使用"圆角矩形工具" 、"椭圆形工具" 和"钢笔工具" 绘制图形，设置颜色为（R:254，G:203，B:137）。

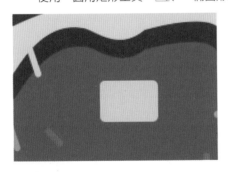 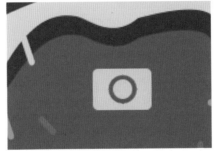 

20 完善其他图标

使用"圆角矩形工具" 、"椭圆形工具" 和"钢笔工具" 绘制图形，设置颜色为（R:254，G:203，B:137）。

 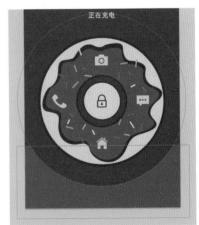

21 使用布尔方法绘制图形

使用"矩形工具" 绘制矩形，再使用"椭圆形工具" 减去圆形，设置颜色为（R:118，G:74，B:45）。

22 添加描边效果

执行"图层>图层样式>描边"菜单命令，设置"颜色"为（R:80，G:34，B:27），再设置其他参数。

 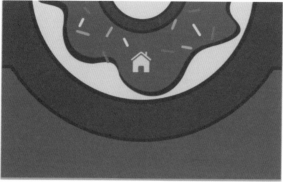

23 绘制交叉矩形

使用"矩形工具" 绘制多个矩形，然后进行交叉排放。

24 添加投影效果

合并交叉矩形图层，执行"图层>图层样式>投影"菜单命令，设置各项参数。

25 完成界面

至此，本实例绘制完成。

6.5
卡通风格手机界面

◎ 尺寸规格 » 640像素×1136像素
◎ 使用工具 » 钢笔工具、椭圆形工具、文本工具
◎ 实例位置 » 实例文件>CH06>卡通风格手机界面.psd
◎ 素材位置 » 素材文件>CH06>卡通风格手机界面
◎ 视频位置 » 视频文件>CH06>卡通风格手机界面.mp4

◎ 实例分析

本实例制作的是卡通风格的界面，界面中的卡通造型是用钢笔工具绘制而成的，再使用形状工具绘制界面按钮，并将按钮以不同的颜色展示出来。

◎ 配色分析

将画面调整成粉色的色调，使其呈现可爱风格主题的感觉。

01 打开素材文件，制作界面背景

新建空白文档，打开"背景"文件，然后将其拖曳到当前页面文件中，再导入"状态栏"，将其拖曳到页面上部。

02 添加时间文本

使用文本工具输入文本，设置颜色为（R:249，G:102，B:128）和白色，然后选择合适的字体和大小。

03 用钢笔工具绘制卡通轮廓

使用"钢笔工具" 绘制头部和身体，设置"填充"为白色、"描边"颜色为（R:249，G:102，B:128）、"描边宽度"为2。

04 绘制卡通耳朵

使用"钢笔工具" 绘制耳朵，再选中耳朵图层将其移动到头部图层的下方。

05 绘制卡通脸部

使用"钢笔工具" 绘制脸部，设置"填充"为（R:253，G:236，B:218），再使用"椭圆形工具" 绘制眼球。

06 绘制卡通胡须和眼睛

使用"钢笔工具" 绘制线段和弧线，设置"描边宽度"为1、"描边类型"的"端点"为"圆角"，再使用"转换点工具" 调整弧线形状。

使用"钢笔工具"  绘制图形，再使用"转换点工具"  调整图形形状。

使用"钢笔工具" 绘制嘴巴，设置"填充"为（R:245，G:170，B:164），再使用"椭圆形工具" 绘制腮红，"填充"为（R:245，G:170，B:164）、"描边"为无。

使用"椭圆形工具" 按住Shift键绘制圆形，设置颜色为（R:242，G:156，B:159），再向右复制2份圆形，设置图层的"不透明度"为80%。

使用"椭圆形工具" 绘制圆形，设置"填充"为无、"描边宽度"为2，执行"图层>图层样式>渐变叠加"菜单命令，设置"渐变"颜色为（R:203，G:138，B:138）、（R:203，G:138，B:138）和（R:231，G:77，B:95），再设置各项参数。

使用"椭圆形工具" 按住Shift键绘制圆形，设置"填充"为（R:217，G:62，B:80），执行"图层>图层样式>投影"菜单命令，设置各项参数值。

12 完善按钮图标

使用"椭圆形工具" 绘制图形，设置"填充"为（R:242，G:156，B:159）。

13 绘制紫色按钮图标

复制一份粉色按钮图层，设置"填充"为（R:76，G:97，B:203）。

14 添加渐变叠加

用同样的方法绘制按钮的轮廓，添加图形的渐变叠加，设置"渐变"颜色为（R:174，G:180，B:219）（R:158，G:152，B:208）和（R:110，G:113，B:174），再设置各项参数，再使用"椭圆形工具" 绘制图形，设置"填充"为（R:140，G:151，B:203）。

15 绘制橙色按钮图标

复制按钮图标，设置"填充"为（R:219，G:89，B:60），然后添加图形的渐变叠加，设置"渐变"颜色为（R:223，G:146，B:85）（R:223，G:146，B:85）和（R:197，G:83，B:34），设置各项参数，再使用"椭圆形工具" 绘制图形，设置"填充"为（R:236，G:105，B:65）。

16 绘制绿色按钮图标

复制按钮图标，设置"填充"为（R:90，G:189，B:100），添加图形的渐变叠加，设置"渐变"颜色为（R:139，G:197，B:142）（R:150，G:199，B:159）和（R:90，G:173，B:104），设置各项参数，再使用"椭圆形工具"  绘制图形，设置"填充"为（R:128，G:194，B:105）。

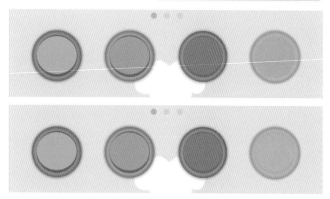

18 添加文本信息

使用文本工具输入文本，设置"文本颜色"为（R:249，G:102，B:128），然后选择合适的字体和大小，执行"图层>图层样式>投影"菜单命令，设置"颜色"为（R:218，G:190，B:193），再设置各项参数。

17 添加图标素材

打开"图标"文件，将其分别拖曳到合适的位置。

19 至此，本实例绘制完成。

6.6

方格风格手机界面

◇ 尺寸规格 » 720像素×1280像素
◇ 使用工具 » 多边形工具、文本工具
◇ 实例位置 » 实例文件>CH06>方格风格手机界面.psd
◇ 素材位置 » 素材文件>CH06>方格风格手机界面.jpg
◇ 视频位置 » 视频文件>CH06>方格风格手机界面.mp4

◎ 实例分析

本实例绘制的是扁平化的天气预报界面，绘制的图标都未增加效果，使用一些小图标和文本的信息完善界面。

◎ 配色分析

界面为偏绿色和棕色的深色色调，使界面呈现稳重的效果。

01 添加背景

导入"背景"文件，将文件拖曳到合适的位置，然后将图像转为"智能图像"。

02 背景增加模糊效果

执行"滤镜>模糊>高斯模糊"菜单命令，设置参数。

03 添加状态栏

导入"状态栏"，将其拖曳到界面上方。

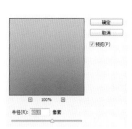

04 绘制标题栏

使用"钢笔工具"绘制图形，再使用文本工具输入文本。

05 绘制分隔线

使用"钢笔工具"绘制线段，设置颜色为（R:229，G:229，B:229）、宽度为2，再分别设置图层的"不透明度"为10%和20%。

06 绘制六边形

使用"多边形工具"绘制图形，设置颜色为白色。

07 添加日期和时间文本

使用文本工具输入时间和日期，分别设置颜色为（R:109，G:176，B:170）、白色和（R:229，G:229，B:229）。

08 绘制分隔线

使用"钢笔工具"绘制线段，设置颜色为（R:229，G:229，B:229）、宽度为2，再设置图层的"不透明度"为60%。

09 绘制日落目标

使用"钢笔工具"✎绘制图形，设置宽度为6，颜色为灰色。

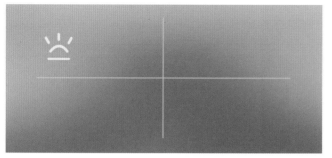

10 绘制风级图标

使用"钢笔工具"✎和"椭圆形工具"◉绘制图形。

11 绘制降雨图标

单击"自定形状工具"⬚，在选项栏中设置"形状"为雨滴，再绘制图形。

12 绘制湿度图标

使用"钢笔工具"✎绘制图形，再使用"转换点工具"⬚调整图形。

13 添加图标信息

使用文本工具输入文本，然后选择合适的字体、颜色和大小。

14 绘制切换界面按钮

使用"多边形工具"◉绘制多个六边形，分别设置颜色为（R:122，G:109，B:97）（R:96，G:88，B:85）、（R:96，G:88，B:85）和（R:122，G:109，B:97）。

使用"多边形工具" 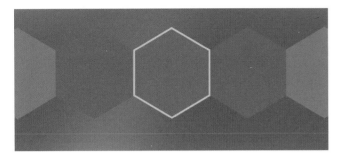 绘制六边形,设置"填充"颜色为(R:105,G:92,B:85)、"描边"颜色为(R:191,G:191,B:191)、"描边宽度"为4。

16 添加文本信息

使用文本工具输入文本,然后设置合适的字体和大小。

17 绘制翻页图形

使用"钢笔工具" 绘制图标。

18 完善图形,完成界面

使用"椭圆形工具" 绘制圆形,填充白色,设置图层的"不透明度"为50%,至此,本实例绘制完成。

 **6.7**

扁平化风格手机界面

- ○ 尺寸规格 » 720像素×1280像素
- ○ 使用工具 » 多边形工具、文本工具
- ○ 实例位置 » 实例文件>CH06>扁平化风格手机界面.pad
- ○ 素材位置 » 素材文件>CH06>扁平化风格手机界面
- ○ 视频位置 » 视频文件>CH06>扁平化风格手机界面.mp4

○ 实例分析

本实例绘制的是扁平化的行程表界面，界面采用紫色、深紫色和白色的搭配，图形之间采用了投影效果作为区分。

○ 配色分析

界面以紫色作为基础色调，整体具有清新的感觉，层次感丰富。

---

01 绘制状态栏

新建空白文档，使用"矩形工具"▣绘制图形，设置"填充"为（R:95，G:82，B:160）。

03 添加剪贴蒙版

选中圆形图层，将图层转换为"栅格化图层"，然后将图层进行合并，再单击图层下方的"添加图层蒙版"按钮，为图层添加蒙版效果。

02 绘制wifi图标

使用"椭圆工具"◉，按住Shift键的同时绘制圆形。

04 绘制电池图标

使用"矩形工具"▣绘制图形，设置图层的"不透明度"为50%。

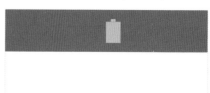

使用"矩形工具" ▣ 绘制图形，设置"填充"为白色。

使用"横排文字工具" T 输入文本，设置图层"填充"为80%。

使用"矩形工具" ▣ 绘制图形，设置"填充"为（R:95，G:82，B:160）。

选中图层，执行"图层>图层样式>投影"菜单命令，设置参数值。

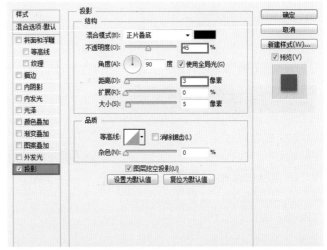

使用"矩形工具" ▣ 绘制图形，设置"描边"为白色、"描边宽度"为3像素。

使用"矩形工具" ▣ 绘制图形，设置"填充"为（R:95，G:82，B:160）、"描边"为白色、"描边宽度"为3像素。

11 绘制图标

使用"钢笔工具"绘制线段，设置颜色为白色。

12 绘制图标

使用"钢笔工具"绘制线段，设置"描边"为黑色、"描边宽度"为3像素。

13 完善图标

使用"矩形工具"绘制图形，设置"填充"为（R:95，G:82，B:160）、"描边"为黑色、"描边宽度"为3像素。

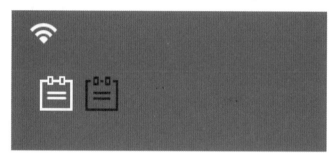

14 输入文本

使用"横排文字工具"输入文本，然后设置合适的字体和大小。

15 绘制图标

使用"椭圆工具"绘制圆形，设置宽度为4像素。

16 完善图标

使用"钢笔工具"绘制线段，设置"描边"为白色、"描边宽度"为4像素、"描边类型"的"端点"为"圆角"。

17 绘制图形

使用"矩形工具" 绘制图形，设置"填充"为（R:65，G:66，B:94），再选中图层，将图层向下移动。

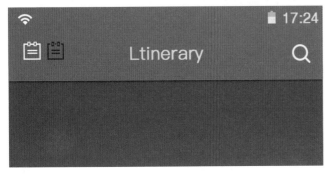

18 减去三角形

选择"钢笔工具" ，在选项栏的"路径操作"中选择"减去顶层形状"，然后在矩形上绘制三角形。

19 添加投影效果

选中绘制图层，使用同样的方法为图层添加投影效果。

20 输入时间文本

使用"横排文字工具" 输入文本，然后设置合适的字体、大小和颜色。

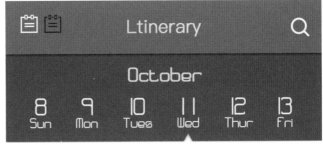

21 为文本设置透明度

选中文本图层，设置图层的"不透明度"为20%。

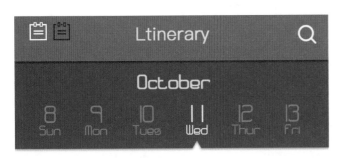

22 输入文本

使用"横排文字工具" 输入文本，设置"文本颜色"为（R:95，G:82，B:160），再设置合适的字体和大小。

23 绘制间隔线

使用"矩形工具"■绘制图形，设置"填充"为渐变效果，"颜色"从（R:65，G:66，B:94）到透明。

24 复制多个间隔线

选中图形，将图形复制多份，依次拖曳到合适的位置。

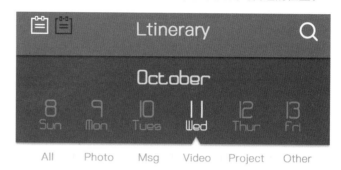

25 绘制图形

使用"矩形工具"■绘制图形，设置"填充"为（R:109，G:117，B:139）。

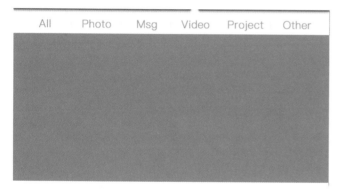

26 绘制图形

使用"矩形工具"■绘制图形，设置"填充"为（R:65，G:66，B:94）。

27 绘制素材底

使用"矩形工具"■绘制一个较小的矩形。

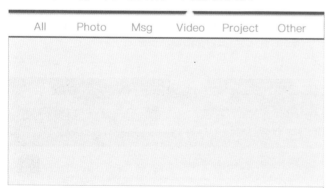

28 导入素材

导入"素材1"文件，为素材创建剪贴蒙版效果。

使用"圆角矩形工具" 绘制图形，设置颜色为白色。

使用"横排文字工具" T 输入文本，然后设置合适的字体、大小和颜色。

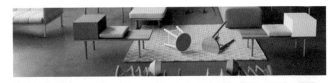

使用"圆角矩形工具" 绘制图形，分别设置"填充"为白色和（R:180，G:43，B:39）。

选中图形，执行"图层>图层样式>投影"菜单命令，设置参数值。

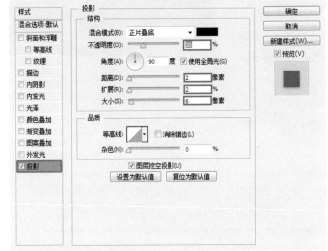

使用同样的方法为图形添加投影效果。

34 绘制图标

选择"自定形状工具" ，在选项栏中设置"填充"为（R:95，G:82，B:160）、"形状"为"红心"，然后在圆角矩形中绘制图形。

35 绘制图标

使用"钢笔工具" 绘制图形。

36 绘制信息框

使用"圆角矩形工具" 绘制图形，再为其添加投影效果。

37 输入文本

使用"横排文字工具" 输入文本，然后设置合适的字体、大小和颜色。

38 绘制信息框

使用同样的方法再绘制一份图形。

39 绘制图形

使用"矩形工具" 绘制图形。

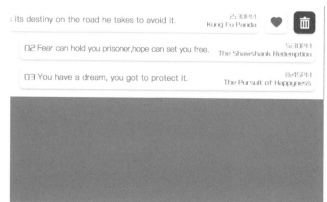

导入"素材2"文件，再为图像创建剪切蒙版效果。

使用"矩形工具"□绘制图形，设置"填充"为黑色，再设置图层的"不透明度"为50%。

42 绘制图标

选择"自定形状工具"，在选项栏中设置"填充"为（R:191，G:191，B:191）、"形状"为"标志3"，然后绘制图形并调整图形的方向。

43 绘制图形

使用"矩形工具"□绘制图形，设置"填充"为（R:95，G:82，B:160）。

44 绘制渐变图形

使用"矩形工具"□绘制图形，设置"填充"为渐变效果，"颜色"从（R:95，G:82，B:160）到（R:65，G:66，B:94）。

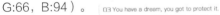

45 复制图形

选择图形，将图层复制2份，再拖曳到合适的位置。

46 绘制图标

使用"圆角矩形工具" 绘制图形，设置"描边"为白色、"描边宽度"为2.5像素。

47 绘制图标

使用"钢笔工具" 绘制图形。

48 完善图标

使用"钢笔工具" 绘制线段，设置"描边类型"的"端点"为"圆角"。

49 绘制图标

使用"椭圆工具" 绘制多个圆形。

50 完善图标

使用"钢笔工具" 绘制线段，设置"描边类型"的"端点"为"圆角"。

51 绘制图标

选择"自定形状工具" ，在选项栏中设置"形状"为"会话11"，再绘制图形。

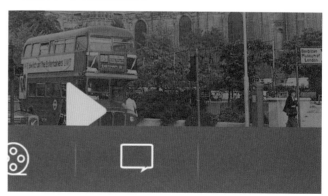

52 调整图标锚点

选中图形，选择"直接选择工具" ，对图形的描点进行调整。

54 绘制图标

使用"椭圆工具" 绘制圆形，设置"描边宽度"为2.5像素。

55 完善图标

使用"钢笔工具" 绘制图形，设置"描边宽度"为2.5像素。

56 调整图标透明度

选中绘制的图形图层，设置图层的"不透明度"为70%。

53 完善图标

使用"椭圆工具" 绘制多个圆形，设置"填充"为白色。

57 完成实例

至此，本实例绘制完成。

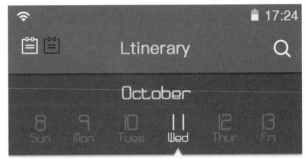

6.8

线性风格手机界面

- ◎ 尺寸规格 » 720像素×1280像素
- ◎ 使用工具 » 矢量工具、文本工具
- ◎ 实例位置 » 实例文件>CH06>线性风格手机界面.pad
- ◎ 素材位置 » 素材文件>CH06>线性风格手机界面.jpg
- ◎ 视频位置 » 视频文件>CH06>线性风格手机界面.mp4

◎ 实例分析

本实例是使用线性图形绘制的时钟手机界面，按钮和图标都是用绘制的矢量图形合并或减去构成的，并且为图标添加的样式效果也很少。整个实例对矢量工具的操作技巧略有要求。

◎ 配色分析

颜色只使用了深灰、浅灰和白色，显得界面干净而简洁。

01 添加背景

导入"背景"文件，将文件拖曳到合适的位置，将图像转为"智能图像"，执行"滤镜>模糊>高斯模糊"菜单命令，设置参数。

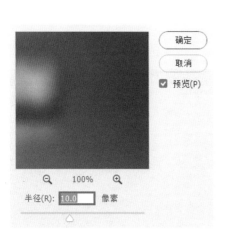

02 制作毛玻璃效果

新建一个图层，填充颜色为黑色，设置"不透明度"为75%。

导入"状态栏"，拖曳到界面上方。

使用"钢笔工具" 绘制线段，设置颜色为（R:229，G:229，B:229）、宽度为2像素。

使用"圆角矩形工具" 绘制两个相同的圆角矩形，设置颜色为（R:200，G:200，B:200）、宽度为1.5像素。

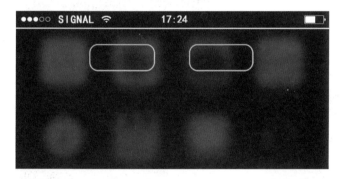

选中"圆角矩形工具" ，在选项栏中设置"路径操作"为"合并形状"，然后在两个圆角矩形中绘制矩形。

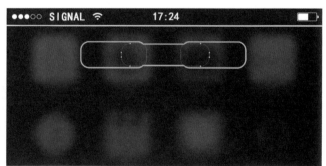

选中"椭圆工具" ，在选项栏中设置"路径操作"为"合并形状"，然后在图形左右两侧绘制圆形。

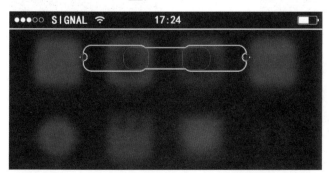

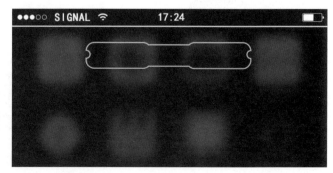

08 添加文本

使用"横排文字工具" T 添加文本，设置文本颜色为（R:200，G:200，B:200），再选择合适的字体和大小。

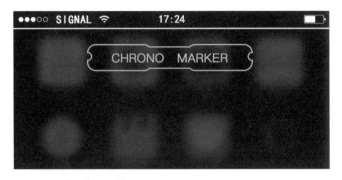

09 绘制图标

选择"钢笔工具" ✐，设置"描边选项"的"端点"为"圆角"，设置描边宽度为1.5，再绘制图标。

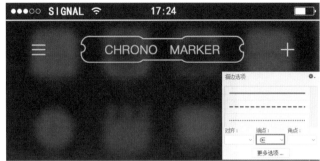

10 完善图标

使用"椭圆工具" ◎ 在图标上绘制两个圆形。

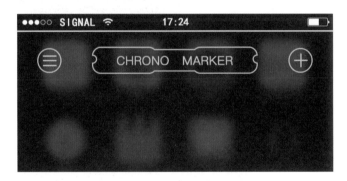

11 绘制时间栏

使用"矩形工具" ▣ 绘制矩形，设置填充为无，描边为1.5像素。

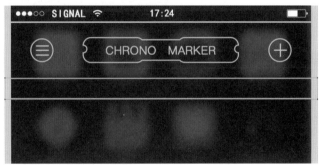

12 合并形状

选中"圆角矩形工具" ▣，在选项栏中设置"路径操作"为"合并形状"，然后在矩形中绘制圆角矩形。

13 输入时间文本

使用"横排文字工具" T 输入文本，设置合适的字体和大小。

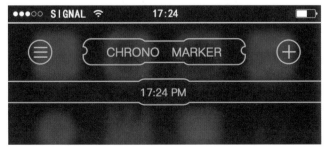

选择"椭圆工具"📍，在选项栏中设置"描边选项"的参数，然后设置"描边"颜色为（R:229，G:229，B:229）、"描边宽度"为2像素，接着在画布中绘制圆形。

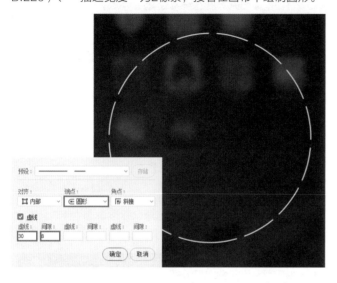

复制一份圆形，按快捷键Ctrl+T进行缩放，再修改描边选项，设置"不透明度"为50%。

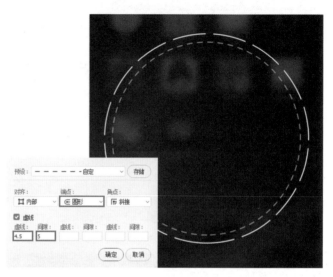

选择"椭圆工具"📍绘制一个圆形，设置"填充"为白色、"描边"颜色为（R:229，G:229，B:229）、"描边宽度"为1.5像素，再设置图层面板的"不透明度"为70%、"填充"为40%。

选择"椭圆工具"📍，在选项栏中设置"路径操作"为"减去顶层形状"，在中间的圆中再绘制圆形。

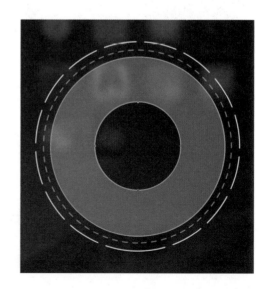

18 绘制圆环间隔

选择"矩形工具"▣，在选项栏中设置"路径操作"为"减去顶层形状"，然后在中间的圆环中绘制矩形。

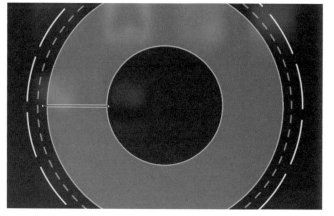

19 绘制圆环间隔

继续绘制"减去顶层形状"的矩形，使用"路径选择工具"▶选中矩形，按快捷键Ctrl+T进行旋转。

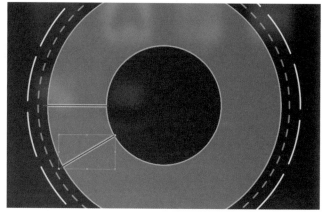

20 完善间隔线段

使用同样的方法，绘制多条线段，形成按钮效果。

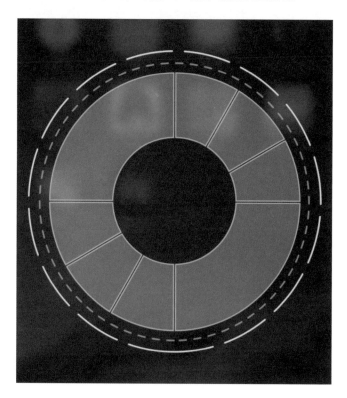

21 绘制中间按钮

选择"椭圆工具"●绘制一个圆形，设置"填充"为白色、"描边"颜色为（R:229，G:229，B:229）、"描边宽度"为1.5像素，再设置图层面板的"不透明度"为50%、"填充"为50%。

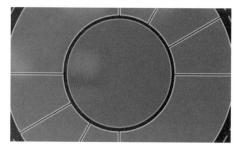

22 绘制圆环间隔

选择"矩形工具"▣，在选项栏中设置"路径操作"为"减去顶层形状"，在圆环中绘制矩形。

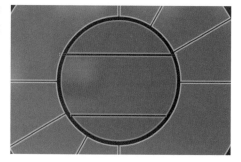

选择"矩形工具" ，在选项栏中设置"路径操作"为
"减去顶层形状"，在圆环中绘制矩形。

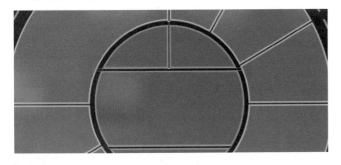

选择"圆角矩形工具"，在选项栏中设置"路径操
作"为"合并形状"，在圆环中绘制圆角矩形。

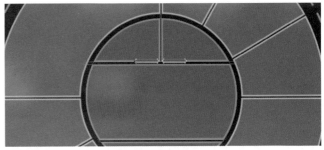

将绘制的中间按钮图层复制一份。

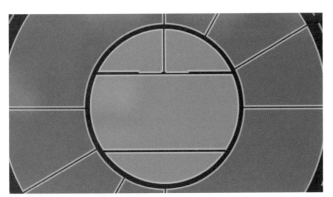

选中复制图层，在图层面板下方单击"添加图层蒙版"
按钮，在蒙版中将上下方图形擦除。

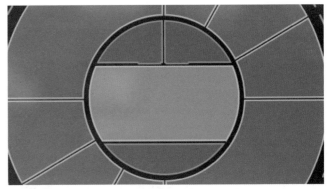

将图层蒙版图层复制一份，在蒙版中将中间的图层再擦除一
半，然后设置面板的"不透明度"为50%、"填充"为30%。

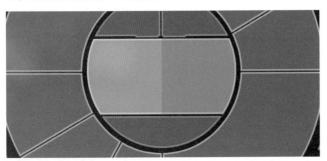

使用"横排文字工具" 输入文本，设置合适的字体和
大小。

29 绘制图标

选择"钢笔工具" ✍，设置"描边选项"的"端点"为"圆角"，设置"描边宽度"为1.5，再绘制图标。

30 绘制圆环

使用"椭圆工具" ◎ 绘制圆环，使用"直接选择工具" ▶ 选中圆环右上方的线段。

31 绘制圆弧

按Delete键删除圆环右上方的线段，在弹出的对话框中单击"是"按钮。

32 完善图标

选择"钢笔工具" ✍，绘制箭头图形。

33 绘制工作图标

使用"圆角矩形工具" 绘制圆角矩形，使用"直接选择工具" 选中圆角矩形右上方的线段。

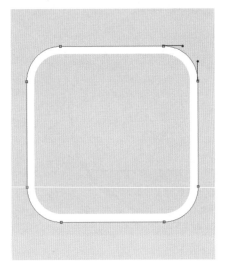

34 删除线段

按Delete键删除圆环右上方的线段，在弹出的对话框中单击"是"按钮。

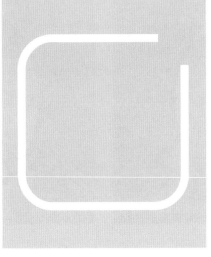

35 调整线段

使用"直接选择工具" 选择断开处的锚点，对线段进行调整，再设置选项栏中的"描边选项"的"端点"为"圆角"。

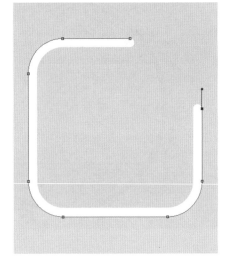

36 绘制线段

选择"钢笔工具" ，设置"描边选项"的"端点"为"圆角"，绘制线段。

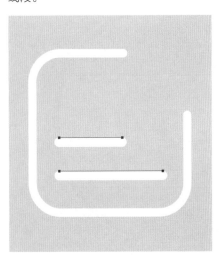

37 完善图标

继续使用"钢笔工具" 绘制线段完善图标，再选中绘制的图标将其转化为栅格化图层。

38 调整图标大小

将绘制好的图标拖曳到合适的位置，再按快捷键Ctrl+T对图标进行缩放。

39 绘制药丸图标

使用"圆角矩形工具"  绘制圆角矩形。

40 绘制药丸图标

使用"钢笔工具" 在圆角矩形中绘制线段。

41 使用圆角矩形

使用"圆角矩形工具" 绘制较小的圆角矩形。

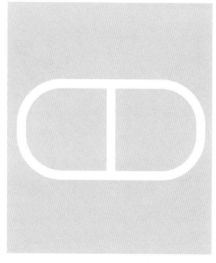

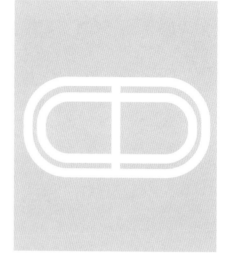

42 调整线段

使用"直接选择工具" 选中圆角矩形左下方的线段，按Delete键删除线段，再使用"直接选择工具" 选择锚点并调整线段的长度。

43 旋转图标

选中绘制的图标，按快捷键Ctrl+T进入自由变换模式，对图标进行旋转，再选中绘制的图标将其转化为栅格化图层。

44 绘制提醒图标

使用"椭圆工具" 绘制圆环，再使用"添加锚点工具" 在圆环下端添加两个锚点。

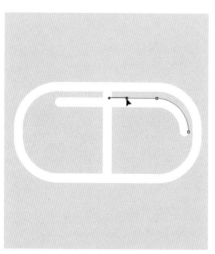

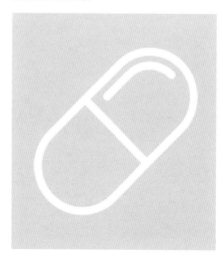

45 调整线段

删除圆环下方的锚点，再使用"转换点工具" ↖ 对添加的两个锚点的角度进行调整。

46 绘制弧线

使用"钢笔工具" ✐ 绘制线段，设置"描边类型"的"端点"为"圆角"，再使用"转换点工具" ↖ 对锚点角度进行调整。

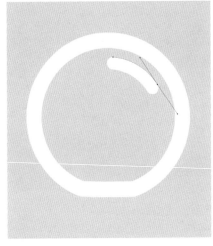

47 完善图标

使用"钢笔工具" ✐ 绘制多条线段，设置"描边类型"的"端点"为"圆角"，选中绘制的图标将其转化为栅格化图层。

48 绘制音乐按钮

使用"钢笔工具" ✐ 绘制图形，再使用"转换点工具" ↖ 对锚点角度进行调整。

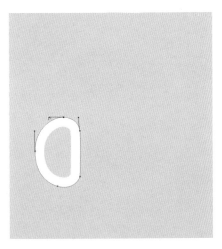

49 减去图形

选中图形，将图层转化为栅格化图层，然后使用"椭圆选框工具" ◯ 在图形上绘制圆形，再按Delete键进行删除。

50 复制图形

选中绘制好的图形，将图形复制一份，再按快捷键Ctrl+T进入自由变换模式，选择"水平翻转"进行调整，并将其水平向右拖曳到合适的位置。

51 完善图形

使用"椭圆工具" ◎ 绘制圆形，将图层转换为栅格化图层，再使用"橡皮擦工具" ✐ 擦除多余的部分，选中绘制的图标将其转化为栅格化图层。

52 绘制烹饪图标

使用"圆角矩形工具" ◎ 绘制圆角矩形，使用"直接选择工具" ▷ 选中圆角矩形上方的线段。

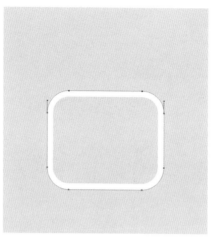

53 绘制线段

使用"钢笔工具" ✐ 绘制线段，设置"描边类型"的"端点"为"圆角"，再使用"转换点工具" ▷ 对锚点角度进行调整。

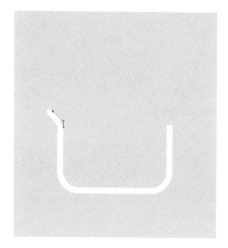

54 绘制线段

使用"钢笔工具" ✐ 绘制线段。

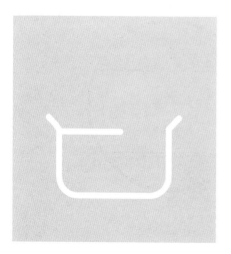

55 绘制图形

使用"椭圆工具" ◎ 绘制圆环，然后选择"矩形工具" ◻，在选项栏中设置"操作路径"为"减去顶层形状"，接着在圆环上绘制一个矩形。

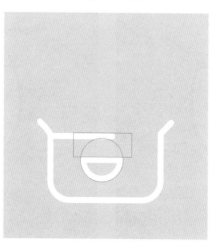

56 绘制线段

使用"钢笔工具" ✐ 绘制线段。

使用"钢笔工具" ✐绘制曲线，使用"转换点工具" ⌐对锚点角度进行调整，并将曲线上端调整为平角。

将曲线复制一份，水平拖曳到右侧，然后选中绘制的图标将其转化为栅格化图层。

将绘制好的图标分别拖曳到合适的位置。

选中图标图形，执行"图层>图层样式>内阴影"菜单命令，设置参数。

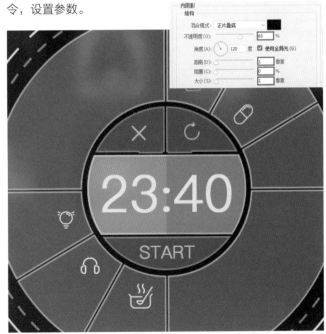

61 添加内阴影

使用同样的方法为其他的图标添加内阴影效果。

62 输入时间文本

使用"横排文字工具"T在图标旁输入时间文本。

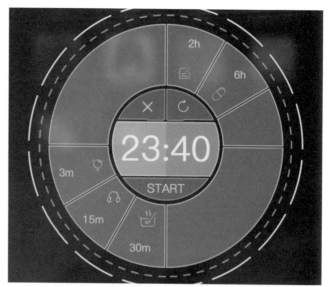

63 调整时间文本

分别选择时间文本，按快捷键Ctrl+T进入自由变换模式，对文本进行旋转。

64 绘制图形

选择"钢笔工具"，设置"描边选项"的"端点"为"圆角"，再绘制图形，并在面板中设置"不透明度"为50%。

使用"椭圆工具"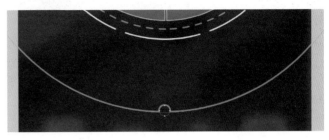绘制一个圆形，设置"描边宽度"为2，然后在面板中设置"不透明度"为50%。

在选项栏中设置"操作路径"为"减去顶层形状"，再使用"椭圆工具"绘制圆形。

选中图形图层，在面板下方单击"添加图层蒙版"按钮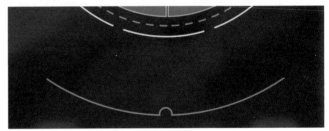，然后使用涂抹工具在蒙版中对部分图形进行涂抹。

使用"椭圆工具"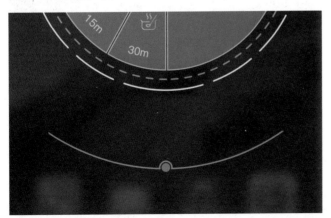绘制一个圆形，设置"填充"为（R:200，G:200，B:200）、"描边"为无，然后在面板中设置"不透明度"为50%。

使用"横排文字工具"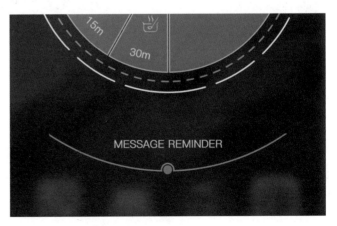输入文本，选择合适的字体和大小。

70 绘制音量图标

选择"自定形状工具" ，在选项栏中设置"描边"颜色为（R:200，G:200，B:200）、"形状"为形状3，然后绘制图形，再对图形进行旋转。

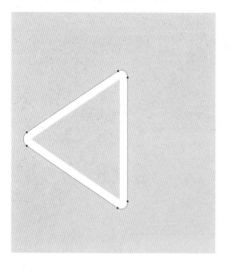

71 合并形状

选中"圆角矩形工具" ，在选项栏中设置"路径操作"为"合并形状"，在图形中绘制圆角矩形。

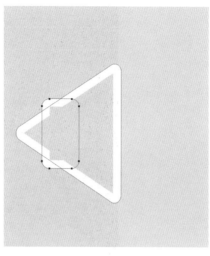

72 减去形状

选择"矩形工具" ，在选项栏中设置"路径操作"为"减去顶层形状"，在图形左侧绘制矩形，再选中绘制的图标将其转化为栅格化图层。

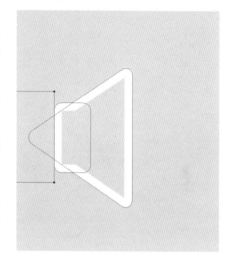

73 绘制闹钟

使用"椭圆工具" 绘制两个圆形。

74 完善图标

使用"钢笔工具" 绘制多条线段，完善闹钟图标，再选中绘制的图标将其转化为栅格化图层。

75 绘制时钟图标

使用"椭圆工具" 绘制圆形，其描边宽度和其他图标一致。

绘制时钟图标

使用"椭圆工具"  绘制圆形，然后使用"钢笔工具" 绘制两条线段，再选中绘制的图标将其转化为栅格化图层。

77 拖曳图标

使用"移动工具" 将绘制的图标分别拖曳到页面下方。

78 完成实例

至此，本实例绘制完成。

第7章

iOS界面设计

设计整套界面时，首先应该对界面的分辨率、尺寸以及各个元素的尺寸有明确认知；然后合理选择画面的主色和辅助色。制作时先规划出各个功能区的大致框架，然后逐步刻画细部。这种从整体到局部的刻画方法可以保证整体效果的美观性。下面我们先来绘制iOS系统下的手机界面。

* 扁平化风格界面   * 冷色系风格界面

7.1

扁平化风格界面

◎ 尺寸规格 » 750像素×1334像素
◎ 使用工具 » 形状工具、文本工具
◎ 实例位置 » 实例文件>CH07> 扁平化风格界面
◎ 素材位置 » 素材文件>CH07> 扁平化风格界面
◎ 视频位置 » 视频文件>CH07> 扁平化风格界面

◎ **实例分析**

本实例将绘制一组电影网站效果的iOS系统的扁平化风格界面，分别为主画面、评论界面和侧边栏，使用普通的工具就能绘制出有质感的界面效果。

◎ **配色分析**

深灰色和深红色搭配可以产生华丽有质感的效果，可以将其应用于影视或游戏的界面。

7.1.1 iOS应用主界面

01 绘制背景，添加状态栏

　　新建空白文档，设置"前景色"为（R:49，G:49，B:49），按快捷键Alt+Delete进行填充，再导入"状态栏"，并将其拖曳到页面上方。

02 制作磨砂效果

　　选中背景图层，执行"滤镜>杂点>添加杂点"菜单命令，设置参数。

制作导航栏

使用"矩形工具" ▣ 绘制矩形,设
置颜色为(R:49,G:49,B:49)。

04 绘制菜单图标

使用"圆角矩形工具" ▣ 绘制图形,设置颜色为(R:180,G:43,B:39),
再将图形向下复制移动3份。

05 绘制多个圆角矩形

使用"圆角矩形工具" ▣ 绘制图形,复制多份,移动到合适的位置。

06 添加文本信息

使用文本工具输入文本,选择合适的字体、大小和颜色。

07 绘制选择栏

使用"圆角矩形工具" ▣ 绘制图形,设置颜色为(R:67,G:67,B:67),执行"滤镜>杂点>添加杂点"菜单命令,设
置"数量"为2。

使用"矩形工具"□绘制矩形，设置颜色为（R:180，G:43，B:39），再次增加杂点。

使用"钢笔工具"□绘制2条线段，设置"描边"颜色为（R:49，G:49，B:49）、"描边宽度"为2。

使用文本工具输入文本，选择合适的字体和大小。

使用"矩形工具"□绘制矩形，设置"描边"颜色为（R:112，G:112，B:112）、"描边宽度"为2。

复制缩放矩形，然后将其拖曳到页面左侧，按快捷键Ctrl+T进入自由变换模式，单击鼠标右键选择"透视"命令，调整好图形形状。

13 绘制侧边海报

使用同样的方法绘制右侧的海报框，选中左右两侧海报框图层，移动到正面图层下方。

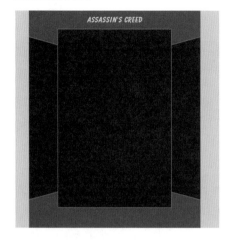

14 导入海报素材

导入"海报"文件，然后将其拖曳到合适的位置，按快捷键Ctrl+Alt+G创建剪贴蒙版效果。

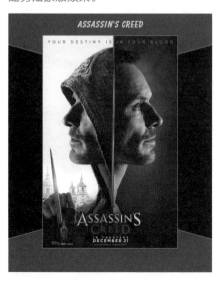

15 调整海报效果

导入"海报"文件，执行"滤镜>模糊>高斯模糊"菜单命令，设置参数后调整海报的形状，按快捷键Ctrl+Alt+G创建剪贴蒙版效果。

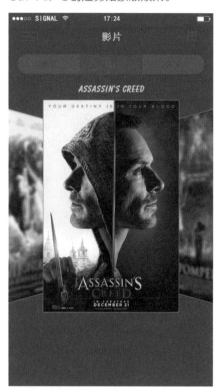

16 绘制星级图形

单击"自定形状工具"，在选项栏中设置"形状"为"五角星"，再设置颜色为（R:255，G:172，B:45）。

17 完善星级图形

绘制多个星形，然后选中最后的图形，设置颜色为（R:71，G:71，B:71）。

18 添加文本信息

使用文本工具输入电影信息，设置颜色为（R:112，G:112，B:112），选择合适的字体和大小。

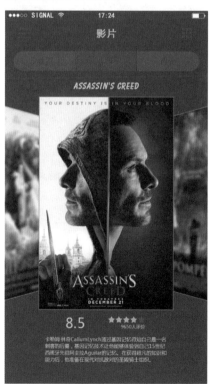

7.1.2 iOS应用评论界面

新建空白文档，复制首页的背景、状态栏和导航栏图层，然后将其拖曳到新建页面中，再导入"海报"文件，拖曳到合适的位置。

使用"矩形工具"绘制图形，设置颜色为（R:180，G:43，B:39）。

使用"矩形工具"绘制图形，设置"填充"为无、"描边"颜色为（R:110，G:110，B:110）、"描边宽度"为2点。

使用文本工具输入文本，设置合适的字体和大小。

05 绘制头像框

使用"椭圆形工具" 绘制圆形，设置颜色为（R:180, G:43, B:39）。

06 导入头像图像

导入"头像"文件，然后将其拖曳到圆形上，按快捷键Ctrl+Alt+G创建剪贴蒙版效果。

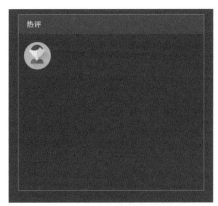

07 添加评论消息

使用文本工具输入文本，选择合适的字体和大小。

08 绘制分隔线，添加渐变效果

使用"钢笔工具" 绘制线段，执行"图层>图层样式>渐变叠加"菜单命令，设置各项参数。

09 复制评论绘信息

复制两份评论图层，水平向下移动。

7.1.3 iOS侧边选项栏

01 绘制矩形

使用"矩形工具"  绘制矩形，执行"滤镜>杂点>添加杂点"菜单命令，设置参数。

02 绘制选项图标

使用"圆角矩形工具" 绘制图形，设置颜色为（R:180，G:43，B:39），再将图形向下移动复制3份。

03 添加文本信息

使用文本工具输入文本，选择合适的字体和大小。

04 绘制分隔线

使用"钢笔工具" 绘制线段，执行"图层>图层样式>渐变叠加"菜单命令，设置各项参数。

05 绘制图标

使用自定义工具绘制星形，设置"描边"为红色、"描边宽度"为2。

06 完善图标

使用同样的方法绘制图形，再输入文本内容。至此，本实例绘制完成。

7.2

冷色系风格界面

◎ 尺寸规格 » 720像素 × 1280像素
◎ 使用工具 » 形状工具、文本工具
◎ 实例位置 » 实例文件>CH07> 冷色系风格界面
◎ 素材位置 » 素材文件>CH07> 冷色系风格界面
◎ 视频位置 » 视频文件>CH07> 冷色系风格界面

◎ 实例分析

本实例制作iOS系统的音乐和日历界面，画面简单易于绘制，整体难度不大。制作时注意图标的绘制与添加的图形效果。

◎ 配色分析

整个界面色调为蓝色系，是电子设备比较常见的颜色，会给人一种稳重可靠的感觉。

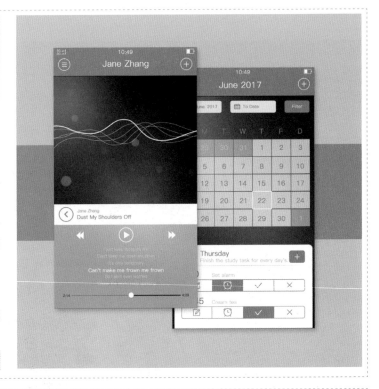

7.2.1 iOS音乐界面

01 导入背景素材

　　导入"背景"素材，然后将其拖曳到画布中。

02 添加模糊效果

　　选中背景图层，执行"滤镜>模糊>高斯模糊"菜单命令，设置参数。

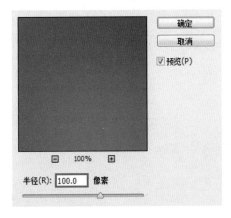

03 添加杂点效果

　　选中背景图层，执行"滤镜>杂点>添加杂点"菜单命令，设置参数。

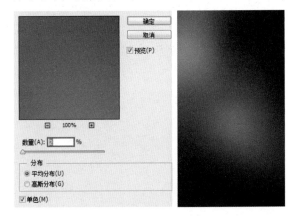

04 导入状态栏

导入"状态栏"文件，然后将图像拖曳到页面上方。

05 绘制导航条

使用"矩形工具" 绘制图形，设置颜色为（R:52，G:146，B:233）。

06 添加投影效果

选中绘制的图层，执行"图层>图层样式>投影"菜单命令，设置各项参数。

07 绘制图标

使用"椭圆形工具" 绘制图形，设置"填充"为无、"描边"为白色。

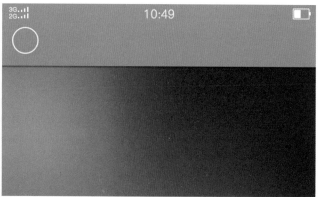

08 完善图标

使用"钢笔工具" 绘制线段，设置"描边"为白色。

09 绘制图标

使用同样的方法绘制图像。

使用文本工具，选择合适的文字和大小。

导入"亮光"素材，将图层移动到背景图层上方。

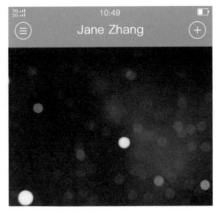

选中亮光图层，设置"图层样式"为柔光，设置"不透明度"为50%。

使用"钢笔工具" 绘制线段，使用"转换点工具" 调整线段的形状。

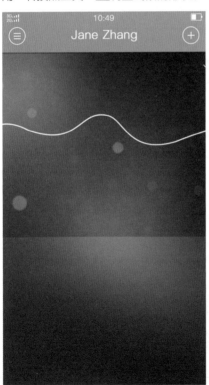

选中线段，复制多份并调整线段的位置，再设置"不透明度"为50%。

使用"矩形工具" 绘制图形，设置颜色为白色。

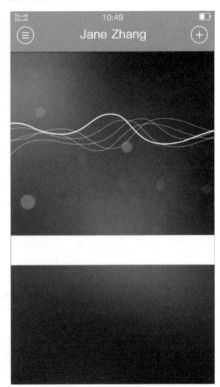

16 绘制图标

使用"椭圆形工具"◎绘制图形，设置"填充"为无、"描边"颜色为（R:52，G:146，B:233），再使用"钢笔工具"✐绘制图形。

17 添加文字内容

使用文本工具，选择合适的文字和大小。

18 绘制图形

使用"矩形工具"▣绘制图形，设置颜色为白色，再设置"不透明度"为60%。

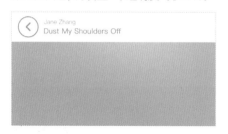

19 绘制播放图标

使用"椭圆形工具"◎绘制图形，设置"填充"为无、"描边"为白色。

20 完善图标

选中"多边形工具"◎，在选项栏中设置"边"为3，然后在圆环中绘制图形。

21 绘制图标

复制多份三角形，调整图形的大小和方向，再将其分别拖曳到合适的位置。

22 绘制分隔图形

使用"矩形工具"▣在按钮下方绘制图形。

23 填充渐变效果

选中图形，设置"填充"为渐变效果，"颜色"从（R:168，G:171，B:190）到透明，再设置"渐变样式"为"径向"。

24 添加歌词信息

使用文本工具输入文本，选择合适的字体，设置"文本颜色"为（R:215，G:202，B:207）、"字体大小"为5。

25 调整歌词大小

选中其中一句歌词文本，设置"文本颜色"为白色、"字体大小"为6、再选中"加粗"。

使用"矩形工具"▣绘制图形，设置"填充"为（R:222，G:212，B:216），再绘制图形，设置"填充"为（R:52，G:146，B:223）。

使用"椭圆形工具"◉绘制圆形，填充颜色为白色。

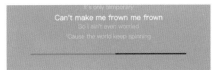

执行"图层>图层样式>外发光"菜单命令，设置其他参数，再选中"投影"复选框，设置参数。

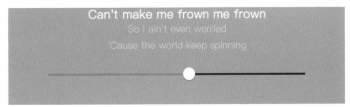

使用文本工具输入文本，设置文本颜色为（R:36，G:45，B:52）。

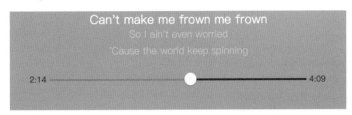

至此，本实例绘制完成。

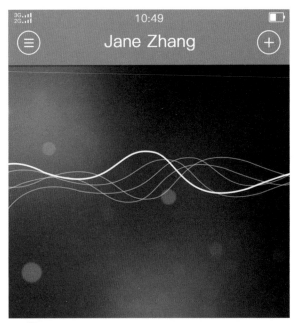

7.2.2 iOS日历界面

01 导入背景，添加模糊和杂点效果

导入"背景"素材，选中图层，分别执行"滤镜>模糊>高斯模糊"和"滤镜>杂点>添加杂点"菜单命令，设置参数。

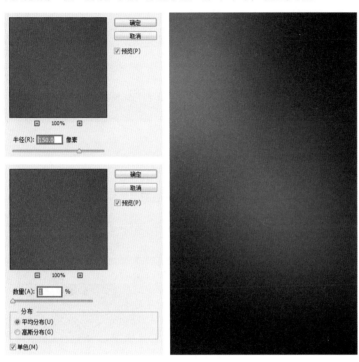

02 导入状态栏和导航栏

导入"状态栏"和"导航栏"文件，再使用"横排文字工具" T 输入文本。

03 绘制图形

使用"圆角矩形工具" 绘制图形，设置"填充"为（R:238，G:238，B:238）、"描边"颜色为（R:160，G:160，B:160）、"描边宽度"为0.2。

04 绘制日历图标

使用"圆角矩形工具" 绘制图形，设置"填充"为（R:52，G:146，B:233），在选项栏中设置"路径操作"为"减去顶层形状"，再绘制圆角矩形。

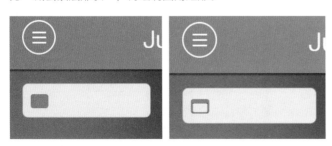

05 完善日历图标

使用"矩形工具" 绘制多个方形，再使用"圆角矩形工具" 绘制图形，设置"描边"为白色。

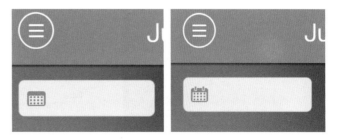

使用"横排文字工具"T输入文本，选择合适的字体和大小。

选中绘制的图形，将对象复制一份，再修改文本内容。

使用"圆角矩形工具"□，再输入文本。

使用"横排文字工具"T输入星期文本，选择合适的字体和大小。

使用"矩形工具"□绘制图形，设置图层的"不透明度"为50%，再复制一份。

选择"切片工具"，在矩形里拉出范围，然后用鼠标右键单击范围框，在下拉菜单中选择"划分切片"，接着在弹出的对话框中设置参数。

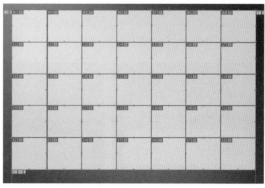

12 框选出不需要的图形

选择上层不透明图层，使用"矩形选框工具"框选出图形，然后按快捷键Shfit+Alt+I反向选区，再按图层下方的"添加图层蒙版"按钮添加蒙版，最后右键删除切片。

13 绘制线段

使用"矩形工具"绘制图形，然后设置"填充"为渐变效果，"颜色"从（R:95，G:115，B:167）到（R:38，G:32，B:49）。

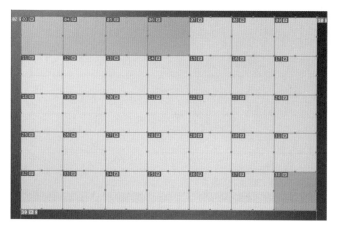

14 复制线段组成格子

选中图形，复制缩放多份，并调整方向和大小。

15 输入日期文本

使用"横排文字工具"输入文本，设置文本颜色为（R:125，G:125，B:125），然后设置合适的字体大小。

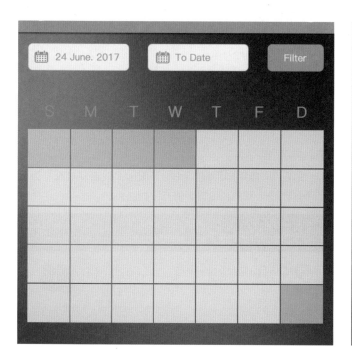

16 完善日期文本

使用"横排文字工具" $\boxed{T}$ 输入文本，设置文本颜色为（R:200，G:200，B:200），然后设置合适的字体大小。

28	29	30	31	1	2	3
4	5	6	7	8	9	10
11	12	13	14	15	16	17
18	19	20	21	22	23	24
25	26	27	28	29	30	1

17 绘制图形

使用"矩形工具" $\boxed{\blacksquare}$ 绘制图形，然后设置"填充"为无、"描边"为白色、"描边宽度"为0.7。

28	29	30	31	1	2	3
4	5	6	7	8	9	10
11	12	13	14	15	16	17
18	19	20	21	22	23	24
25	26	27	28	29	30	1

18 绘制圆角矩形

使用"圆角矩形工具" $\boxed{\blacksquare}$ 绘制图形，设置"填充"为白色。

11	12	13	14	15	16	17
18	19	20	21	22	23	24
25	26	27	28	29	30	1

19 输入文本

使用"横排文字工具" $\boxed{T}$ 输入文本，选择合适的大小、字体和颜色。

20 绘制图标

使用"圆角矩形工具" $\boxed{\blacksquare}$ 绘制图形，设置"填充"为蓝色，再绘制2个图形，设置"填充"为白色。

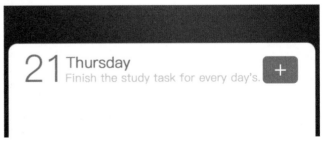

21 绘制线段，添加渐变填充

使用"矩形工具"绘制图形，然后设置"填充"为渐变效果，"颜色"从（R:168，G:171，B:190）到透明、"渐变样式"为"径向"。

22 输入文本

使用"横排文字工具"输入文本，选择合适的大小、字体和颜色。

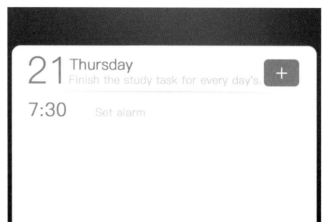

23 绘制图框

使用"圆角矩形工具"绘制图形，设置"填充"为无、"描边"为蓝色、"描边宽度"为0.5。

11	12	13	14	15	16	17
18	19	20	21	22	23	24
25	26	27	28	29	30	1

21 Thursday
Finish the study task for every day's.   +

7:30   Set alarm

24 绘制图形

使用"矩形工具"绘制图形，设置"填充"为蓝色。

11	12	13	14	15	16	17
18	19	20	21	22	23	24
25	26	27	28	29	30	1

21 Thursday
Finish the study task for every day's.   +

7:30   Set alarm

使用"钢笔工具" 绘制线段，设置"描边"为蓝色、"描边宽度"为0.5。

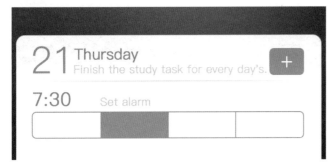

使用"椭圆工具" 和"钢笔工具" 绘制图形，设置"描边"颜色为白色。

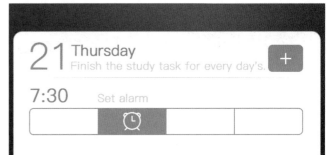

使用"圆角矩形工具" 和"钢笔工具" 绘制图形，设置"描边"颜色为蓝色。

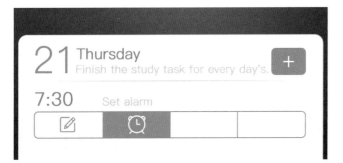

使用"椭圆工具" 和"钢笔工具" 绘制图形，设置"描边"颜色为蓝色。

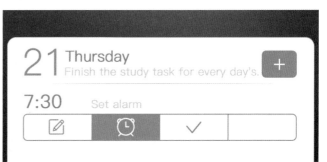

使用"钢笔工具" 绘制图形，设置"端点"为"圆角"，设置"描边"颜色为蓝色。

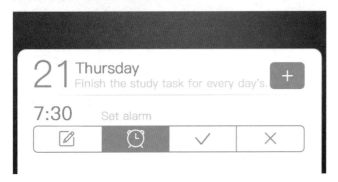

使用"横排文字工具" 输入文本，选择合适的大小、字体和颜色。

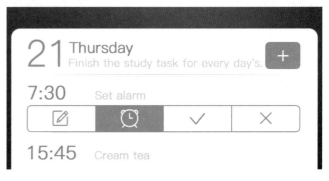

31 绘制图框

使用"圆角矩形工具"◻绘制图形，设置"填充"为无、"描边"为蓝色、"描边宽度"为0.5。

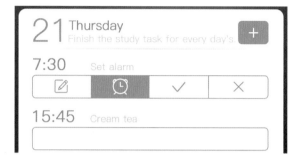

32 绘制分隔图形

使用"矩形工具"◻绘制图形，设置"填充"为蓝色。使用"钢笔工具"✐绘制线段，设置"描边"为蓝色、"描边宽度"为0.5。

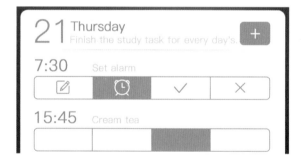

33 绘制图标

使用"椭圆工具"◉和"钢笔工具"✐绘制图形，设置"描边"颜色为白色。

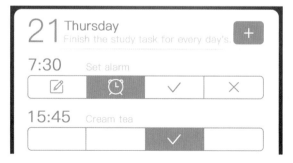

34 完善图标

使用"矩形工具"◻、"椭圆工具"◉和"钢笔工具"✐绘制图形，设置"填充"为蓝色。

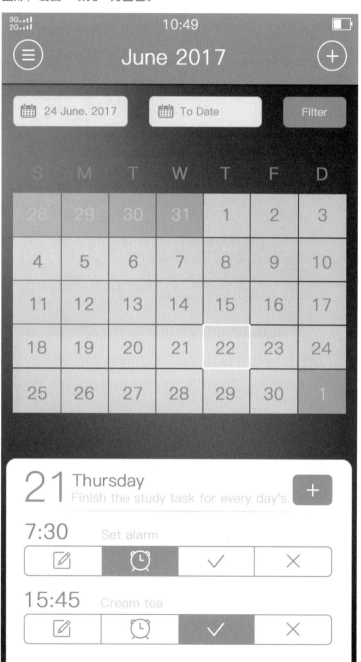

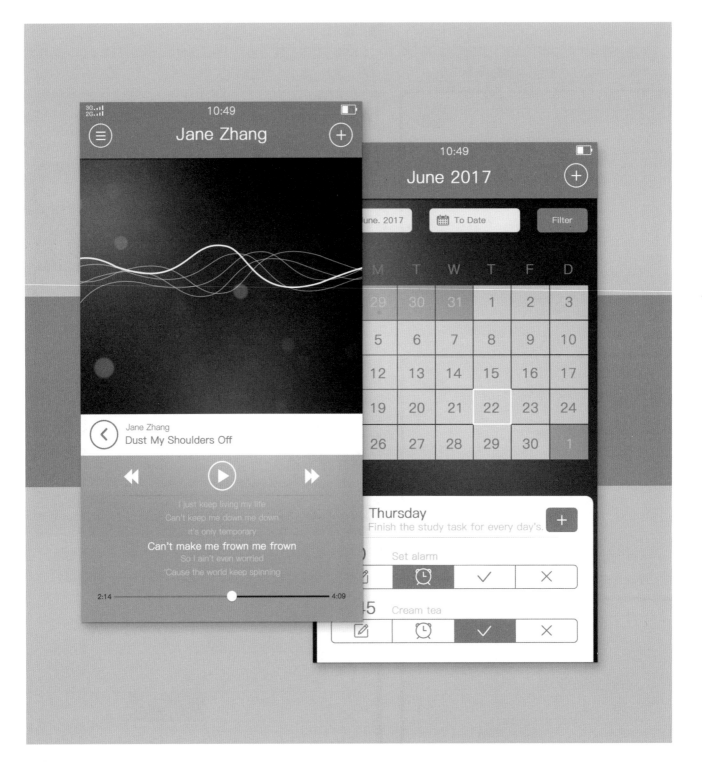

第8章

Android界面设计

Android系统界面也是很常见的，有时候Android系统的不固定性成为界面的看点之一。将各种工具栏、控件和图标等不同元素进行排列规范，即可制作出完整的界面内容。下面我们来绘制Android系统的整套手机界面。

* 线稿风格界面   * 创意风格界面

8.1

线稿风格界面

◎ 尺寸规格 » 720像素×1280像素
◎ 使用工具 » 形状工具、文本工具
◎ 实例位置 » 实例文件>CH08> 线稿风格界面
◎ 素材位置 » 素材文件>CH08> 线稿风格界面
◎ 视频位置 » 视频文件>CH08> 线稿风格界面

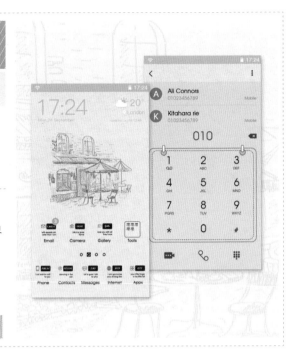

◎ 设计思路

本实例制作的是Android的界面，需要绘制一个Android主屏幕和电话界面，图标使用线稿的方式呈现，简单而有文艺范儿。

◎ 配色分析

将界面色调调整成灰色系，呈现出偏文艺的应用界面效果。

8.1.1 Android主界面

01 绘制背景

新建一个空白文档，导入"素材"文件，设置图层的"不透明度"为80%。

02 添加背景效果

新建一个空白图层，填充颜色为白色，设置图层的"不透明度"为50%。

03 导入状态栏

使用"矩形工具" ▣ 绘制图形，设置颜色为（R:191，G:191，B:191），再导入"状态栏"文件，将其拖曳到界面上方。

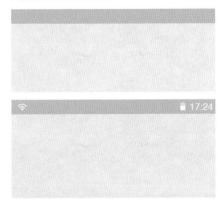

04 添加文字内容

使用文本工具，选择合适的文字和大小。

05 绘制图标

使用"椭圆形工具" 和"圆角矩形工具" 绘制图形，设置颜色为白色。

06 图标添加效果

选中绘制的图层，执行"图层>图层样式>投影"菜单命令，设置各项参数。

07 绘制图标

使用"椭圆形工具" 绘制图形，设置颜色为黄色。

08 完善图标

使用"钢笔工具" 绘制线段，设置"描边"颜色为黄色。

09 绘制图标

使用"自定形状工具" 绘制雨滴，再使用"椭圆形工具" 减去部分图形。

10 添加图标效果

选中绘制的图层，执行"图层>图层样式>投影"菜单命令，设置各项参数。

11 导入素材

导入"素材"文件，将其拖曳到合适的位置，设置图层的"混合模式"为正片叠底、"填充"为60%。

12 绘制小图标

使用"钢笔工具" 绘制图形，注意图形的尺寸。

13 绘制图形

使用"圆角矩形工具" 图形，填充颜色为深灰色。

14 绘制提示圈

使用"椭圆形工具" 绘制圆形，设置"填充"为（R:169，G:169，B:169）、"描边"为白色、"描边宽度"为2.

15 输入数字文本

使用文本工具输入文本，选择合适的字体、大小和颜色。

16 制作多份图标

使用同样的方法绘制其他图标。

17 绘制图形

使用"圆角矩形工具"  绘制图形，设置颜色为（R:54，G:54，B:54）。

18 完善图标

将前面绘制的图标复制缩放多份，拖曳到圆角矩形中。

19 绘制翻页图形

使用"椭圆形工具"  绘制圆形，设置"描边"颜色为（R:54，G:54，B:54）、"描边宽度"为3。

20 完善翻页图标

使用"矩形工具" 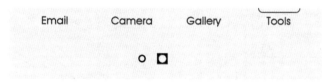 绘制图形，再绘制圆形减去部分图形。

22 完成图标的绘制

使用同样的方法绘制其他图标。

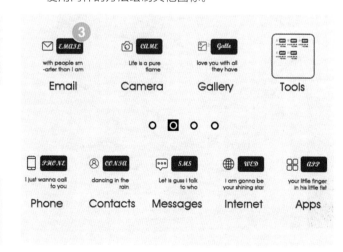

21 绘制图标

使用"椭圆形工具" 绘制两个圆形。

8.1.2 Android拨号界面

01 绘制背景

　　新建一个空白文档，导入"素材"文件，设置图层的
"不透明度"为80%，再新建一个空白图层，填充颜色为白
色，设置图层的"不透明度"为50%。

02 导入状态栏

　　使用"矩形工具" 绘制图形，设置颜色为
（R:191，G:191，B:191），再导入"状态栏"文件，将
其拖曳到界面上方。

03 绘制矩形图形

　　使用"矩形工具" 绘制
图形，填充颜色为（R:237，
G:234，B:230）。

04 增加杂色效果

　　选中图层，执行"滤镜>
杂色>添加杂色"菜单命令，
设置参数。

224

05 绘制标题栏

使用"钢笔工具"✐和"椭圆形工具"◉绘制图形，填充颜色为深灰色。

06 绘制圆形

使用"椭圆形工具"◉绘制圆形，设置颜色为（R:128，G:124，B:121）。

07 添加文本内容

使用文本工具输入文本，设置合适的字体、大小和颜色。

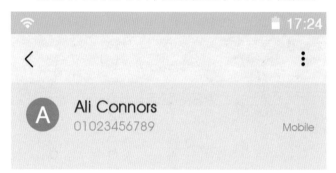

08 绘制分隔线

使用"钢笔工具"✐绘制线段，设置颜色为灰色。

09 添加文本内容

使用文本工具输入文本，设置合适的字体、大小和颜色。

10 绘制图标

使用形状工具绘制图标，设置颜色为深灰色。

11 绘制图标

使用形状工具绘制图标，设置颜色为灰色。

12 绘制拨号框

使用"圆角矩形工具" 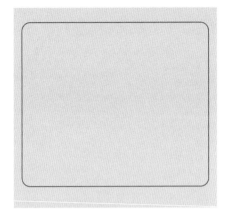 绘制图形。

13 绘制虚线图形

将圆角矩形复制缩放一份，然后在选项栏中设置描边选项为虚线。

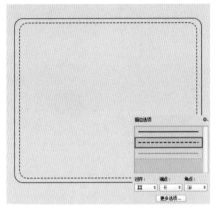

14 绘制拨号框

使用"椭圆形工具" 绘制圆形，设置颜色为（R:191，G:191，B:191）、"描边"颜色为（R:57，G:57，B:57）、"描边宽度"为2。

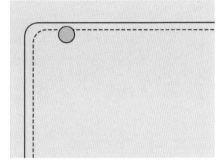

15 完善拨号框

使用"圆角矩形工具" 绘制圆形，设置颜色为浅灰色、"描边"颜色为（R:57，G:57，B:57）、"描边宽度"为2。

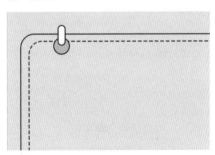

16 复制一份拨号扣

复制拨号扣，然后将其拖曳到界面右侧。

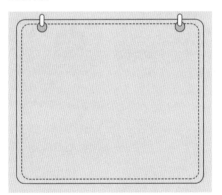

17 添加拨号文本

使用文本工具输入文本，设置合适的字体和大小。

18 绘制图标

使用形状工具和钢笔工具绘制图形。至此，本实例绘制完成。

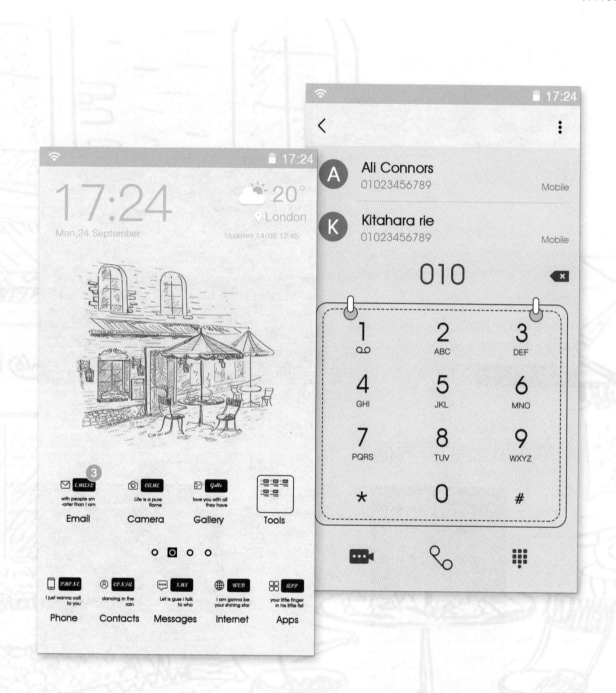

8.2
创意风格界面

◎ 尺寸规格 » 750像素 × 1334像素
◎ 使用工具 » 形状工具、文本工具
◎ 实例位置 » 实例文件>CH08 > 创意风格界面
◎ 素材位置 » 素材文件>CH08 > 创意风格界面
◎ 视频位置 » 视频文件>CH08 > 创意风格界面

◎ 实例分析

本实例将绘制一组Android系统创意风格的界面，将宇宙的星球作为一个思考的出发点，设计的图标都以星球为主，图形添加外发光效果使制作出来的效果层次丰富。

◎ 配色分析

蓝色和灰色搭配可以产生华丽、有质感的页面效果，使页面具有层次丰富的整体感觉。

8.2.1 Android锁屏界面

01 绘制背景

新建空白文档，导入背景图像。

02 绘制状态栏

使用"矩形工具" ▣绘制图形，设置"填充"为（R:7, G:20, B:53）。

03 绘制图形

使用"矩形工具" 绘制图形，设置"填充"为白色，复制多份，再选择所有图形，设置"不透明度"为70%。

04 使用布尔操作

选择"钢笔工具" ，在选项栏中设置"路径操作"为"减去顶层形状"，再绘制形状。

05 绘制电池和时间

使用"矩形工具" 绘制两个矩形，再使用"横排文字工具" 输入时间文本。

06 输入文本

使用"横排文字工具" 输入文本，选择合适的字体和大小，设置图层的"不透明度"为80%、"填充"为80%。

07 绘制圆形

选择"椭圆工具" ，按住Shift键绘制多个不同大小的圆形，设置图层的"不透明度"为30%、"填充"为70%。

08 添加蒙版效果

为每个圆形添加图层蒙版，再使用笔刷在蒙版中进行随意的涂抹。

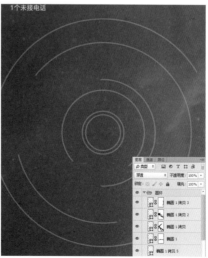

09 绘制黄色圆点

使用"椭圆工具" 绘制圆形，设置"填充"为（R:255，G:249，B:178），再设置图层的"不透明度"为80%、"填充"为90%。

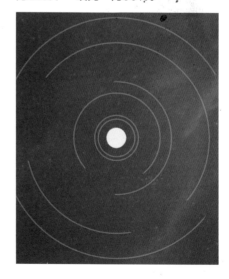

增加外发光效果

选中圆形图层，执行 "图层>图层样式>外发光"菜单命令，设置"颜色"为（R:244，G:242，B:187），再设置其他参数。

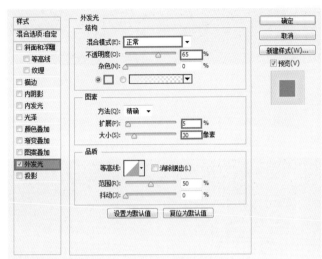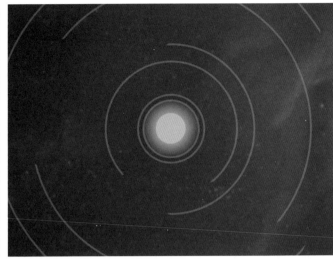

绘制粉色圆点

使用"椭圆工具"绘制圆形，设置"填充"为（R:250，G:144，B:163），再设置图层的"不透明度"为80%、"填充"为80%。

增加外发光效果

选中圆形图层，执行 "图层>图层样式>外发光"菜单命令，设置"颜色"为（R:253，G:148，B:166），再设置其他参数。

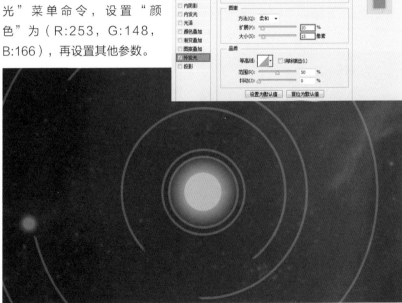

13 绘制绿色圆点

使用"椭圆工具" ⬭ 绘制圆形，设置"填充"为（R:172，G:213，B:152），再设置图层的"不透明度"为80%、"填充"为80%。

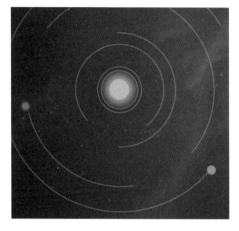

14 增加外发光效果

选中圆形图层，执行"图层>图层样式>外发光"菜单命令，设置"颜色"为（R:172，G:213，B:152），再设置其他参数。

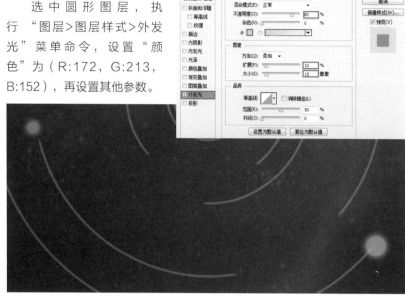

15 绘制紫色圆点

使用"椭圆工具" ⬭ 绘制圆形，设置"填充"为（R:140，G:151，B:203），再设置图层的"不透明度"为80%、"填充"为80%。

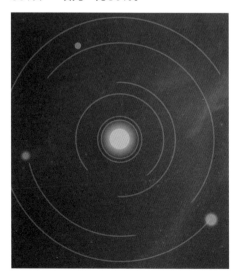

16 增加外发光效果

选中圆形图层，执行"图层>图层样式>外发光"菜单命令，设置"颜色"为（R:140，G:151，B:203），再设置其他参数。

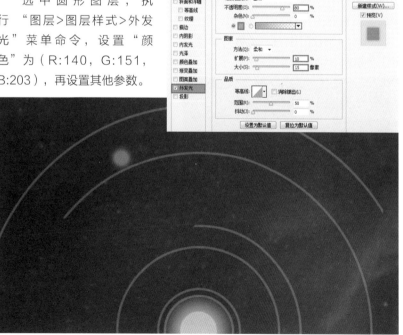

17 绘制蓝色圆点

使用"椭圆工具" 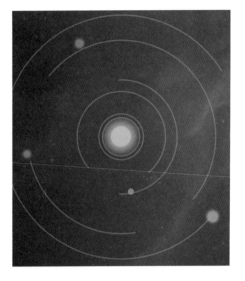绘制圆形,设置
"填充"为(R:79,G:160,B:214),
再设置图层的"不透明度"为80%、"填
充"为80%。

18 增加外发光效果

选中圆形图层,执行
"图层>图层样式>外发光"
菜单命令,设置"颜色"为
(R:78,G:152,B:204),
再设置其他参数。

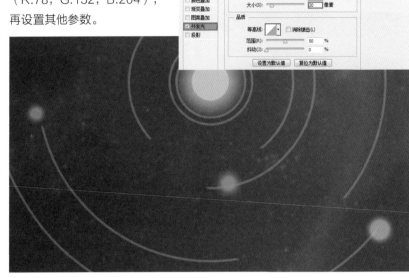

19 导入素材

导入"群星"素材,设置"不透明
度"为60%。

20 为素材添加模糊效果

选中图层,单击鼠
标右键在下拉菜单中选择
"转换为智能对象",再
执行"滤镜>模糊>高斯模
糊"菜单命令,设置合适
的参数。

21 导入素材

导入"星点"素材，设置图层的"不透明度"为50%。

22 为素材添加模糊效果

复制一份绘制的素材图形，调整"不透明度"为80%和50%，再调整"高斯模糊"的参数为1.0。

23 绘制图形

使用"椭圆工具" ◎ 绘制圆形，设置"填充"为白色，再设置图层的"不透明度"为40%。

24 增加外发光效果

选中圆形图层，执行 "图层>图层样式>外发光"菜单命令，设置"颜色"为白色，再设置其他参数。

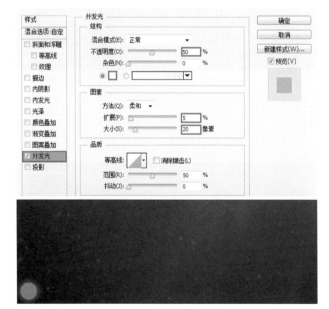

25 绘制图标

使用"圆角矩形工具" ◎ 绘制两个图形，设置"填充"为（R:6，G:11，B:38），设置图层的"不透明度"为60%，再按快捷键Ctrl+T进入自由变换模式调整图形的位置。

26 绘制圆形

使用"椭圆工具" ◎ 绘制圆形，设置"填充"为无、"描边"为白色、"描边宽度"为4点，再设置图层的"不透明度"为30%。

27 绘制圆形

使用同样的方法绘制圆形，再使用"钢笔工具" 绘制图形。

28 用同样的方法绘制图形

使用同样的方法绘制圆形，再使用"钢笔工具" 绘制图形。

 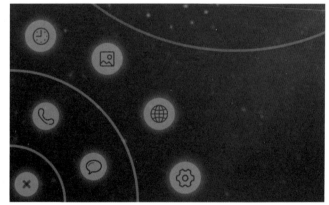

29 绘制圆环

使用"椭圆工具" 绘制圆形，设置"填充"为无、"描边"为白色、"描边宽度"为2点，设置图层的"不透明度"为40%，并添加外发光效果。

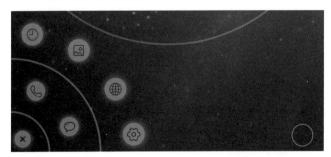 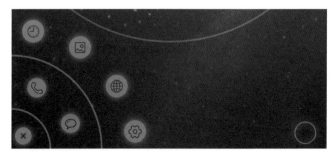

30 绘制图形

选择"钢笔工具"✐，设置"描边"颜色为（R:108，G:117，B:139），然后在圆环中绘制图形。

31 完成绘制

至此，锁屏界面绘制完成。

8.2.2 Android菜单界面

01 导入背景和状态栏

导入"背景"素材和"状态栏"文件。

02 绘制圆角矩形

使用"圆角矩形工具"▣绘制图形，设置"填充"为（R:238，G:238，B:238），再设置图层的"不透明度"为10%。

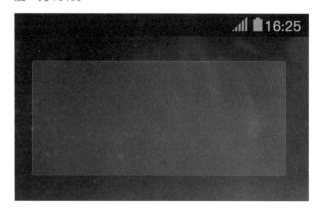

　　选择"椭圆工具" 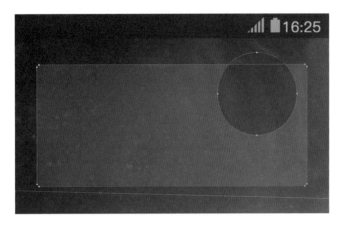，在选项栏中设置"路径操作"为"减去顶层形状"，在圆角矩形上绘制圆形。

　　复制一份图形，在选项栏中设置"填充"为无、"描边"颜色为（R:81，G:96，B:126）、"描边宽度"为2点，再设置图层的"不透明度"为40%。

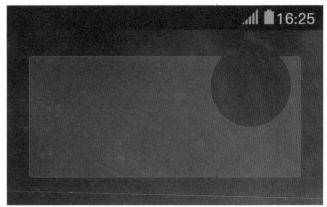

　　使用"椭圆工具" 绘制多个圆形，设置"描边"颜色为白色、"描边宽度"为2点，"不透明度"为30%。

　　使用"椭圆工具" 绘制圆形，设置"填充"为（R:255，G:249，B:178），再设置图层的"不透明度"为70%。

07 添加外发光

　　选中圆形图层，执行 "图层>图层样式>外发光"菜单命令，设置"颜色"为（R:244，G:242，B:187），再设置其他参数。

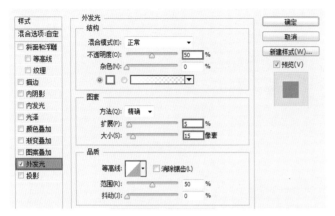

08 绘制小圆点

　　使用"椭圆工具" 绘制圆形，设置"填充"为（R:238，G:238，B:238），再设置图层的"不透明度"为60%。

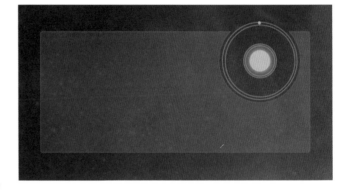

09 添加外发光

　　选中圆形图层，执行 "图层>图层样式>外发光"菜单命令，设置"颜色"为白色，再设置其他参数。

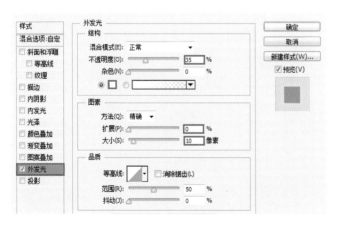

10 复制两份图形

复制两份亮点图形，将其拖曳到合适的位置。

11 导入素材

导入"群星"和"星点"素材，缩放到合适的大小，拖曳到合适的位置，分别设置图层的"不透明度"为80%和50%。

12 绘制图形

选择"椭圆形工具" ⊙，在选项栏中设置"路径操作"为"合并形状"，再绘制3个圆形。

13 使用布尔操作

选择"圆角矩形工具" ⊙，在选项栏中设置"路径操作"为"合并形状"，在圆形中绘制圆角矩形。

14 使用布尔操作

使用"椭圆形工具" 绘制图形，再添加图层蒙版，使用笔刷在蒙版中将多余的部分擦除。

15 制线段

使用"钢笔工具" 绘制线段，设置"描边"为白色、"描边宽度"为3点、"描边选项"的"端点"为"圆角"。

16 输入文本

使用"横排文字工具" 输入文本，选择合适的字体和大小。

17 绘制翻页图形

使用"椭圆形工具" 绘制4个圆形，设置颜色为白色，再选中后3个圆形设置"不透明度"为50%。

18 绘制图形

使用"椭圆形工具" 绘制圆形，设置颜色为（R:101，G:224，B:206），再设置图层的"不透明度"为75%。

19 绘制圆环

绘制两个圆环，设置"描边"为白色、"描边宽度"为1.4点，设置图层的"不透明度"为40%。

20 绘制圆点

绘制3个圆形，设置"填充"为白色、图层的"不透明度"为50%。

21 用同样方法绘制图形

使用同样的方法绘制3个图形，分别设置"填充"为（R:133，G:198，B:228）（R:245，G:199，B:228）和（R:133，G:198，B:228）。

22 绘制图形

使用"钢笔工具"绘制图形，再设置图形的图层"不透明度"为80%。

23 输入文本

使用"横排文字工具"输入文本，选择合适的字体和大小。

24 绘制图形

使用"钢笔工具" 绘制图形。

25 界面绘制完成

至此，主页面绘制完成。

🔔 **提示**

根据这种方法，还可以绘制其他的图标，如视频、日历和地图等。